图 9-3　布氏杆菌病，脏器局限性感染性肉芽组织增生

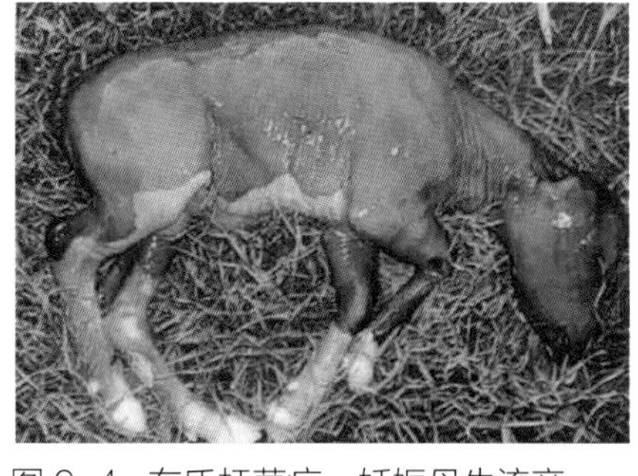

图 9-4　布氏杆菌病，妊娠母牛流产

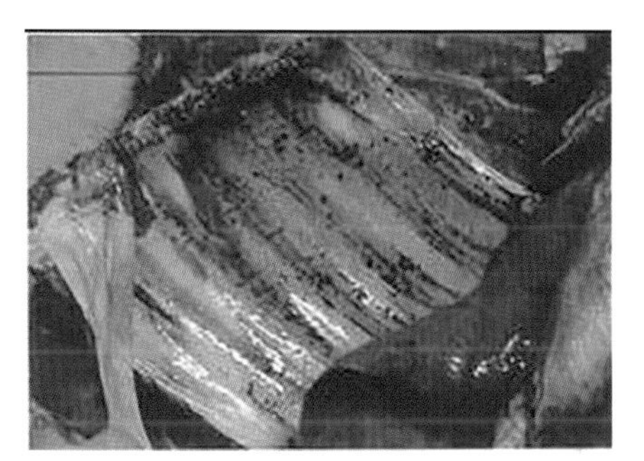

图 9-5　牛传染性胸膜炎病，胸膜出血、肥厚

图 9-6　牛放线菌病，脓汁中奶酪样颗粒（俗称硫黄颗粒）

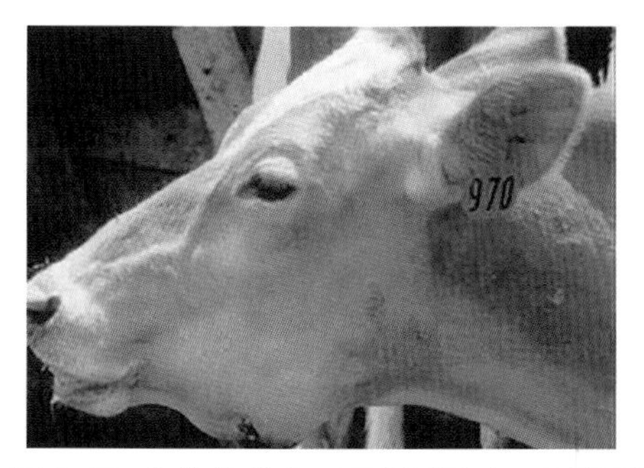

图 9-7　牛放线菌病，下颌骨肿大、界限明显

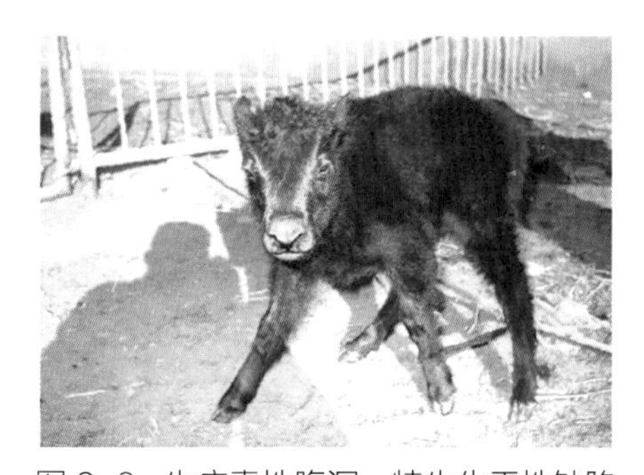

图 9-8　牛病毒性腹泻，犊牛先天性缺陷

图 9-9　牛病毒性腹泻，肠道病理性变化

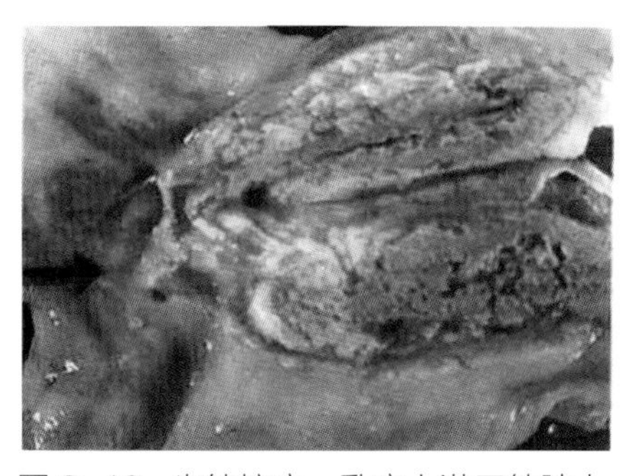

图 9-10　牛结核病，乳房上淋巴结肿大

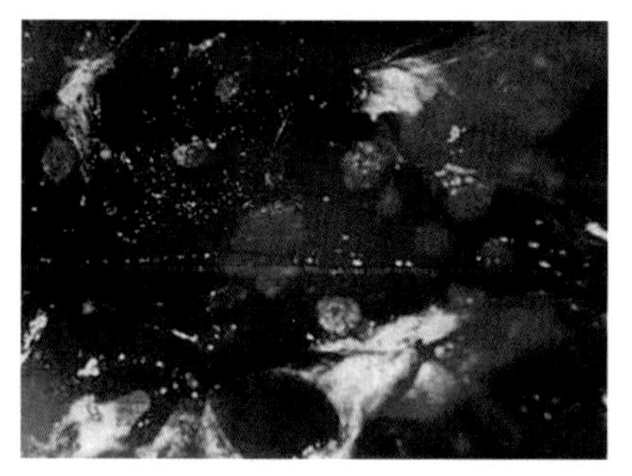

图 9-11　牛结核病，胸膜和腹膜上有密集结核结节，形似珍珠样

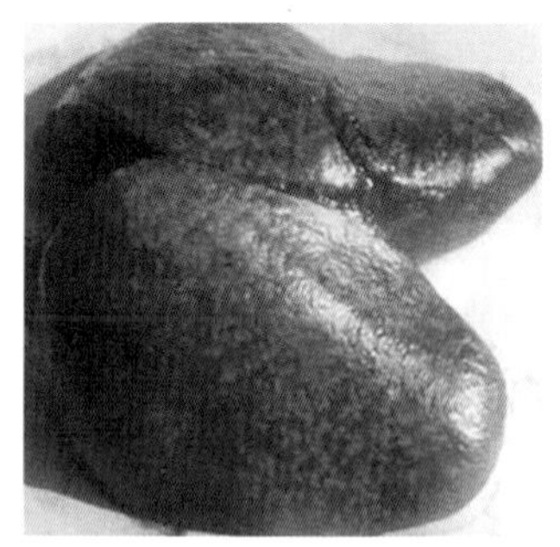

图 9-12　牛沙门菌病，肝肿大，可见针尖或针头大坏死结节

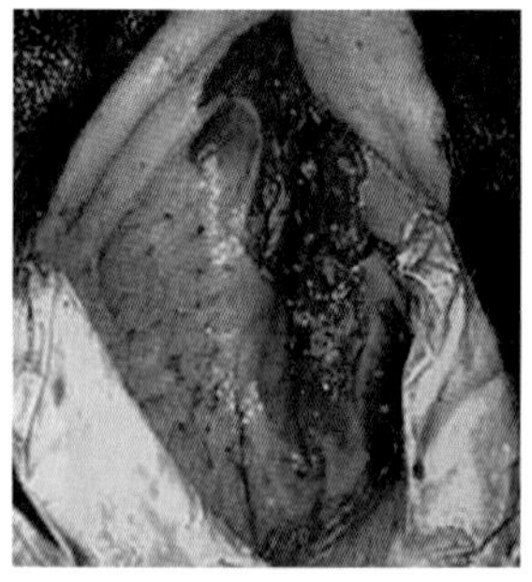

图 9-13　牛传染性鼻气管炎，眼结膜形成灰黄色针头大小的颗粒

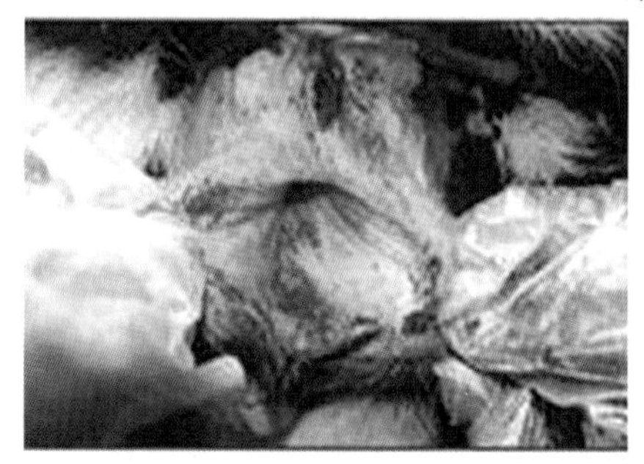

图 9-14　牛传染性鼻气管炎，病牛阴道黏膜出血、潮红

图 9-15　牛气肿疽，患牛腿上部肿胀

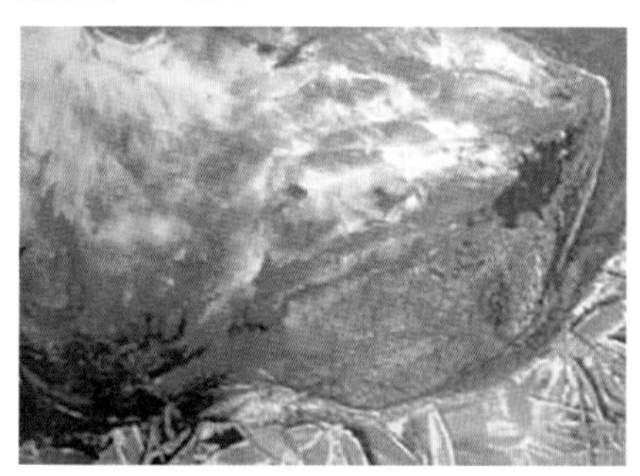

图 9-16　牛气肿疽，患部肌肉黑红色

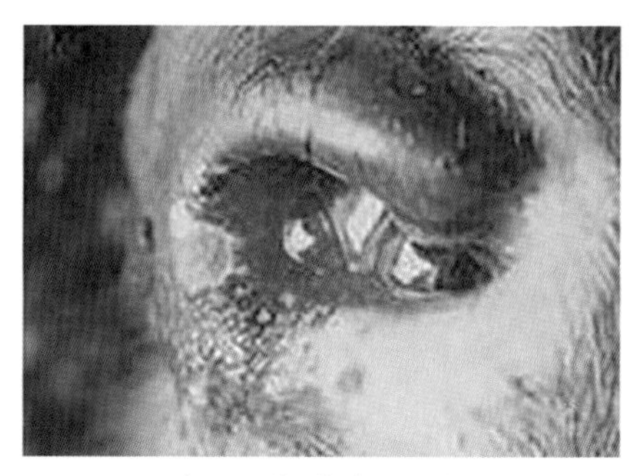

图 9-17　牛巴氏杆菌病，眼红肿、流泪，有急性结膜炎

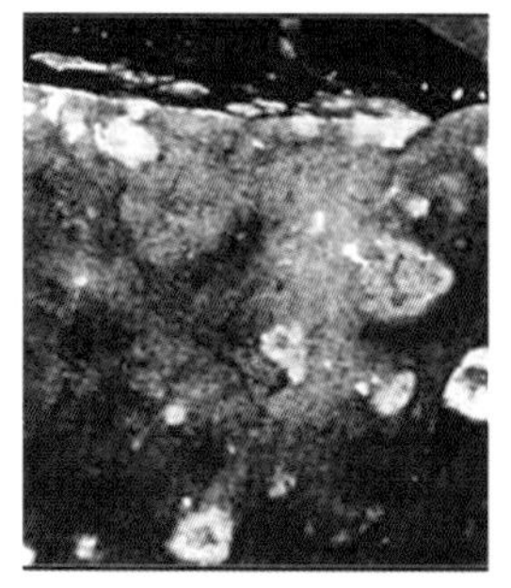

图 9-18　牛瘟，假膜脱落后呈现形状不规则、边缘不整齐、底部深红色的烂斑，俗称地图样烂斑

图 9-19　犊牛大肠杆菌病肠炎型，粪便呈淡黄色、粥样

图 9-20　牛炭疽病，死后尸僵不全

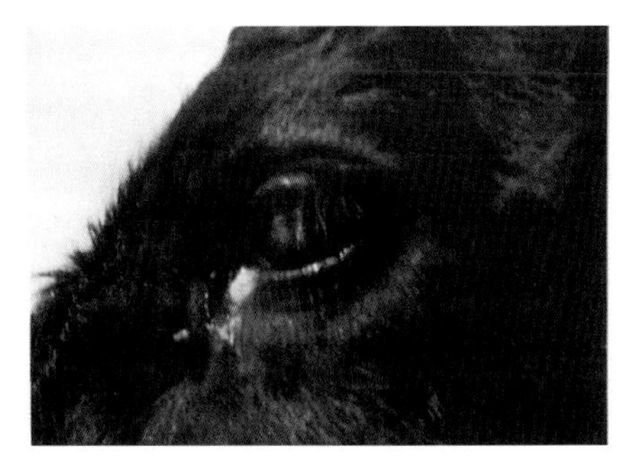

图 9-21　牛恶性卡他热，眼睑肿胀、虹膜睫状体炎

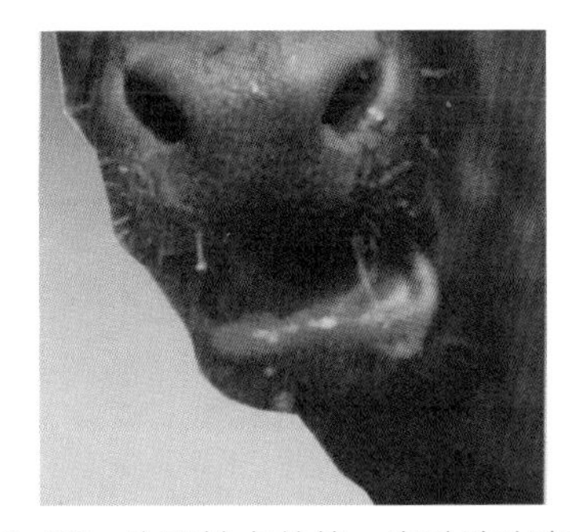

图 9-22　牛恶性卡他热，鼻孔流出鼻漏

图 9-23　牛流行热，病牛喜卧，不愿行动，甚至卧地不起

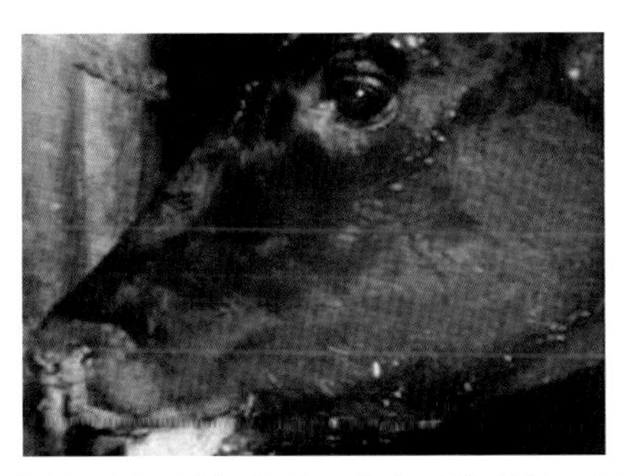

图 9-24　牛流行热，牛有流涎现象，口边粘有泡沫，口角流出线形粘液

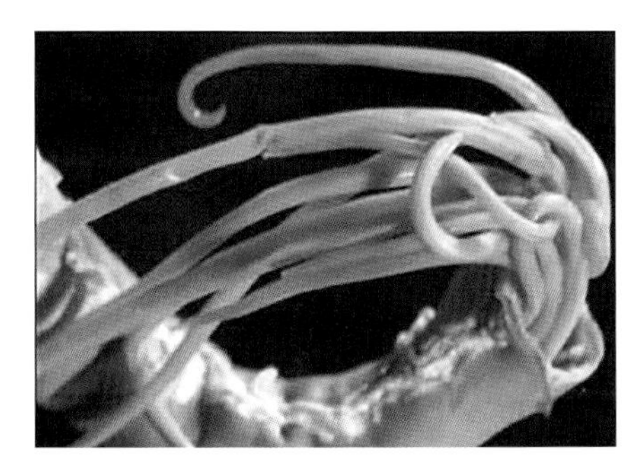

图 10-1　牛胃肠线虫

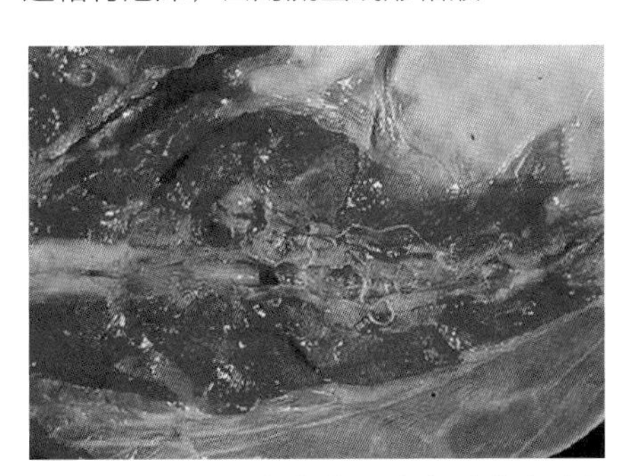

图 10-2　牛肺线虫病，幼虫随着血液循环到肺部，从血管钻进肺泡

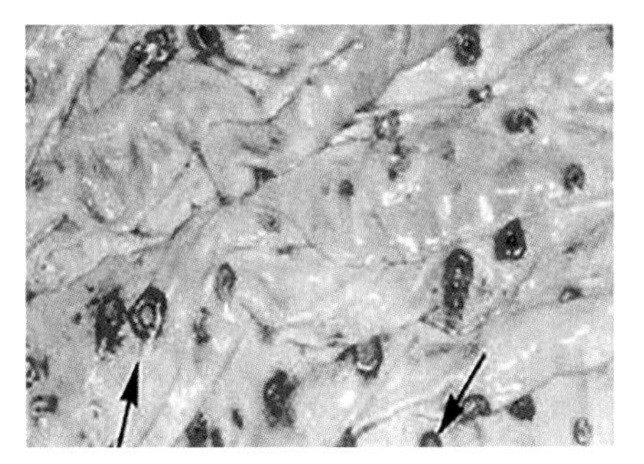

图 10-3　牛泰勒焦虫病，姬氏法染色后的虫体形状

图 10-4　扩展莫尼茨绦虫

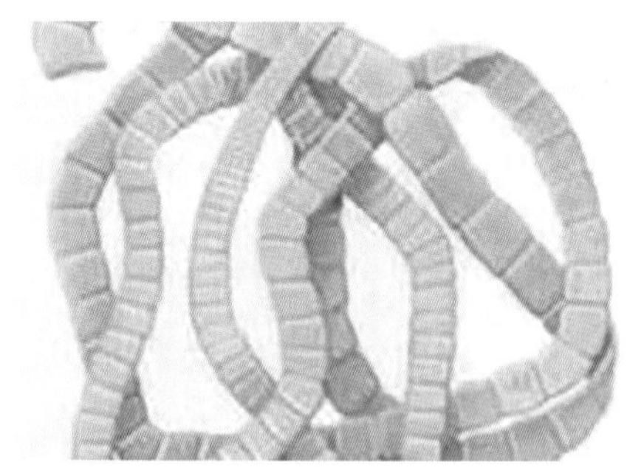

图 10-5　贝氏莫尼茨绦虫

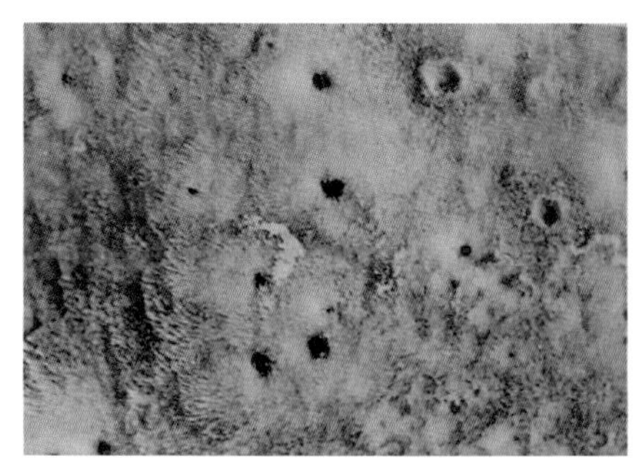

图 10-6　牛皮蝇的幼虫在背部皮肤形成的隆包和钻出的许多空洞

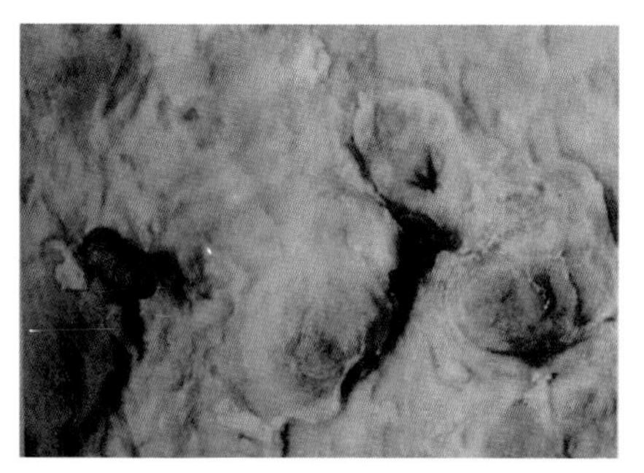

图 10-7　牛皮蝇第三期幼虫正从隆包中钻出，附近可见几个指头大的隆起的囊包

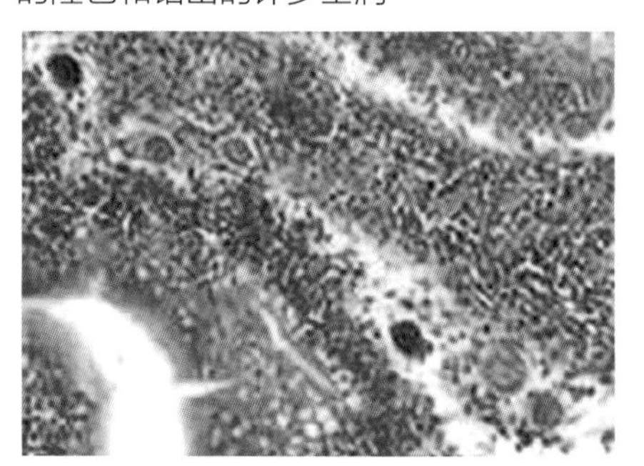

图 10-8　牛球虫病，淋巴滤泡肿大突出，有白色和灰色的小病灶，同时在这些部位常常出现直径约 4~15 毫米的溃疡

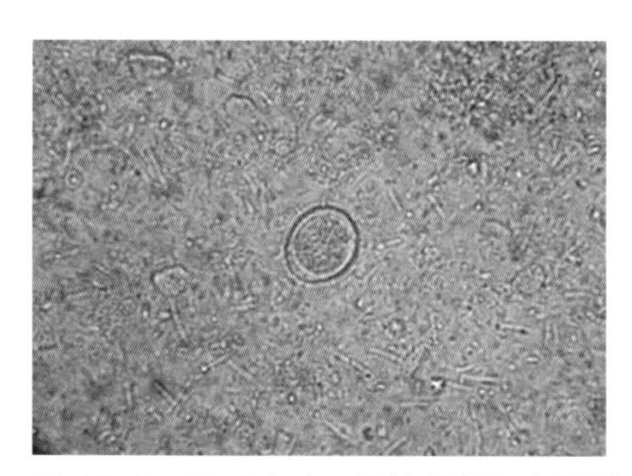

图 10-9　牛球虫病，镜检粪便和直肠刮取物，发现卵囊

图 11-1　牛瘤胃积食，左下腹会不断膨大，而左肷部逐渐平坦

图 11-2　牛瘤胃酸中毒，食欲废绝、精神沉郁、呆立、眼窝凹陷、病情较重者瘫痪

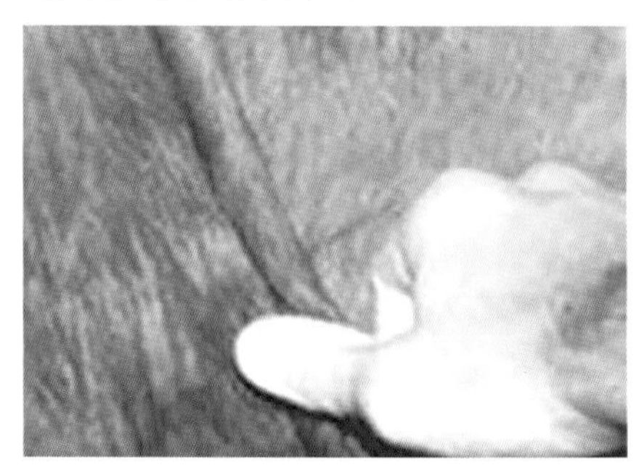

图 11-3　牛网胃炎，双手将鬐甲皮肤捏成皱襞，病牛表现出敏感不安，呻吟

规模化生态养殖丛书

GUIMOHUA SHENGTAI YANGZHI CONGSHU

肉牛规模化生态养殖技术

李文海　张兴红 ▸ 主编

化学工业出版社

·北京·

本书通过对肉牛的市场需求、广大消费者对膳食结构的改变以及对绿色无公害食品的迫切要求等方面的分析，阐述了发展肉牛生态养殖的重大意义、发展肉牛生态养殖的关键技术要点和肉牛生态养殖的发展前景。书中非常明确地指出，发展生态肉牛规模化养殖能够保障食品安全、保护生态环境、显著增加收入、实现节能减排，并且能够大大提高资源的利用率。

书中对肉牛生态养殖的场地选择、生态环境的创建和改善，自然环境条件的充分利用和饲养中饲料的科学供给都作了重点阐述。在疫病的防治方面，重点介绍了肉牛生态养殖过程中的常见传染病、常见普通病和营养代谢病，坚持预防为主、治疗为辅的原则，尽量坚持少用或不用抗生素药物，以生产出合格的绿色无公害产品。

图书在版编目（CIP）数据

肉牛规模化生态养殖技术/李文海，张兴红主编.—北京：化学工业出版社，2019.8

（规模化生态养殖丛书）

ISBN 978-7-122-34430-4

Ⅰ.①肉… Ⅱ.①李…②张… Ⅲ.①肉牛-饲养管理 Ⅳ.①S823.9

中国版本图书馆CIP数据核字（2019）第085571号

责任编辑：李　丽　　文字编辑：何　芳
责任校对：王素芹　　装帧设计：史利平

出版发行：化学工业出版社（北京市东城区青年湖南街13号　邮政编码100011）
印　　刷：北京京华铭诚工贸有限公司
装　　订：三河市振勇印装有限公司
710mm×1000mm　1/16　印张11　彩插3　字数180千字　2019年9月北京第1版第1次印刷

购书咨询：010-64518888　　售后服务：010-64518899
网　　址：http://www.cip.com.cn
凡购买本书，如有缺损质量问题，本社销售中心负责调换。

定　　价：49.00元

《肉牛规模化生态养殖技术》编写人员

主　编　李文海　张兴红

副主编　李晓宇　许秀红　马拥军　张振祥

参　编　（按姓氏笔画排序）
于录国　王彦红　王海云　刘冬生
杜海霞　杨立刚　张书强　张虹菲
张艳艳　范倩倩　赵维中　赵新军
郝　云　郜玉珍　郭红霞　崔宏宇
梁建明　蔡海钢

前　言

发展畜牧业离不开科学技术和专业知识的支撑，特别是进入 21 世纪以后，农业现代化、畜牧科技化的观念已经深入人心，生态养殖以其绿色、环保、安全，在养殖市场上独树一帜，由于深受消费者欢迎，经济效益突出，为当代农民创收、增收探寻出新的模式；掌握一门好的农业生产技术可能就意味着成功和财富的到来；为了满足广大农民朋友对养殖业方面知识和技能的渴求，同时也为了更好更快地传播知识，我们组织编写了这本书。

本书主要分为两部分。第一部分是生态肉牛养殖技术，主要介绍生态肉牛养殖场的选址、圈舍建造与规划布局、微生态养殖、生态养殖肉牛场的标准化饲养与管理、肉牛场的疫病防治和快速育肥技术。第二部分主要是重点介绍了牛的病毒性传染病、细菌性传染病、寄生虫病和普通内科病。就这些疫病的病原、临床症状、主要病理变化和防治方法都进行了详细的论述。本书内容丰富、图文并茂、文字简明、通俗易懂，是当前广大农村发展养殖业的致富好帮手，也可供养殖场（户）技术人员和专业基层干部参考、学习。

本书在编写过程中得到张家口市农业科学院领导的认真指导，也得到了一些养殖场的大力支持，奚玉银和崔培雪老师为本书的编写提出很多宝贵意见，在此表示衷心的感谢。

由于本书编写时间仓促、编著者水平所限，本书在编写过程中难免有不妥之处，敬请广大读者谅解，并提出宝贵意见。

编者

2019 年 5 月

目录

第一讲 肉牛生态养殖技术

本讲知识要点

- ▶ 肉牛生态养殖的现状、意义、发展趋势。
- ▶ 肉牛生态养殖的饲养方式。
- ▶ 肉牛生态养殖场房的规划与布局。
- ▶ 肉牛生态养殖标准化饲养与管理。

近年来，随着人民生活水平的不断提高，人们的膳食结构发生了很大的改变，无公害农产品、绿色食品、有机食品受到广大消费者的青睐，但目前在畜产品生产过程中，有害添加剂和抗生素的大量使用，使食品安全受到了严重影响，进而危及人们的身体健康。由于肉牛生态养殖技术的应用推广，使肉牛体况得到改善，大大地减少了抗生素和有害添加剂的应用，降低了药品残留，提高了牛肉产品的质量，从而保证了广大人民群众的身体健康和生命安全。

第一章 概述

第一节 肉牛生态养殖的现状及意义

所谓生态养殖，是指运用生态学原理，保护水域生物多样性与稳定性，合理利用多种资源，以取得最佳的生态效益和经济效益。

生态养殖是近年来在我国农村大力提倡的一种生产模式，其最大的特点就是在有限的空间范围内，人为地将不同种的动物群体以饲料为纽带串联起来，形成一个循环链，目的是最大限度地利用资源，减少浪费，降低成本。利用无污染的水域如湖泊、水库、江河及天然饵料，或者运用生态技术措施，改善养殖水质和生态环境，按照特定的养殖模式进行增殖、养殖，投放无公害饲料，不施肥、不洒药，目标是生产出无公害绿色食品和有机食品。

相对于集约化、工厂化养殖方式来说，生态养殖是让畜禽在自然生态环境中按照自身原有的生长发育规律自然地生长，而不是人为地制造生长环境和用促生长剂让其违反自身原有的生长发育规律快速生长。如农村一家一户少量饲养的不喂全价配合饲料的散养畜禽，即为生态养殖。

采用集约化、工厂化养殖方式可以充分利用养殖空间，在较短的时间内饲养出栏大量的畜禽，以满足市场对畜禽产品的量的需求，从而获得较高的经济效益。但由于这些畜禽是生活在人造的环境中，采食添加有促生长素在内的配合饲料，因此，尽管生长快、产量高，但其产品品质、口感均较差。而农村一家一户少量饲养的不喂全价配合饲料的散养畜禽，因为是在自然的生态环境下自然地生长，生长慢、产量低，因而其经济效益也相对较低，但其产品品质与口感均优于集约化、工厂化养殖方式饲养出来的畜禽。

随着人们生活水平的不断提高，用集约化、工厂化养殖方式生产出来的品质、口感均较差的畜禽产品已不能满足广大消费者日益增长的消费需求，而农村一家一户少量饲养的不喂全价配合饲料的散养生态畜禽，因其产量低、数量少也满足不了消费者对生态畜禽产品的消费需求，因而现代生态养殖应运而生。现代生态养殖是有别于农村一家一户散养和集约化、工厂化养殖的一种养殖方式，是介于散养和集约化养殖之间的一种规模养殖方式，它既有散养的特点——畜禽产品品质高、口感好，也有集约化养殖的特点。生态养殖饲养量大、生长相对较快、经济效益高。但如何搞好现代生态养殖，却没有一个统一的标准与固定的模式。要想搞好生态养殖，必须注意以下几点。

（1）选择合适的自然生态环境　合适的自然生态环境是进行现代生态养殖的基础，没有合适的自然生态环境，生态养殖也就无从谈起。发展生态养殖必须根据所饲养畜禽的天性选择适合畜禽生长的无污染的自然生态环境，有比较大的天然的活动场所，让畜禽自由活动、自由采食、自由饮水，让畜禽自然生长。如一些地方采取的林地养殖就是很好的生态养殖模式。

（2）使用配合饲料　使用配合饲料是进行现代生态养殖与农村一家一户散养的根本区别。如仅是在合适的自然生态环境中散养，而不使用配合饲料，则畜禽的生长速度必然很慢，其经济效益也就很低，这不仅影响饲养者的积极性，而且也不能满足消费者的消费需求，因此，进行现代生态养殖肉牛仍然要使用配合饲料。

总之肉牛生态养殖的意义在于：①发展生态肉牛规模化养殖能够保障食品安全；②发展生态肉牛规模化养殖能保护生态环境；③发展生态肉牛规模化养殖能显著增加农民收入；④发展生态肉牛规模化养殖能够实现节能减排，提高资源利用率。

第二节　我国肉牛生态养殖的发展趋势

目前，很多人都已将对食品价格的注意转向了对安全卫生的关注，因为食品安全关乎个人性命，关乎人类的生存与健康。近年来，随着不良商贩在各个领域制造、贩卖假冒伪劣产品之风的盛行，食品安全问题也遭遇到从未有过的挑战。虽然各级卫生行政部门查处了一批大案要案，但在取得阶段性成果的同时，还要清醒地认识到，保障食品安全任重而道远，绷紧食品安全这根弦，无论是现在，还是将来，都是政府乃至全社会的共同责任！那么，生态养殖现今趋势如何呢？主要有以下几个方面。

一、利用天然活体动物代替人工合成成分饲料

大家都喜欢吃土鸡，哪怕价格贵许多也愿意掏腰包。这是为什么呢？道理很简单，因为人们的生活水平越来越高和健康意识越来越强的缘故。一是想吃到真正美味可口的动物产品，如果采用了人工合成生长激素来养殖动物，养殖出来的动物绝对没有自然养殖动物的口味好，这是公认的事实；二是人们害怕人工合成生长激素对人体的危害。现在我们经常看到的小儿性早熟、女孩子长胡须等，都或多或少和这些动物食品中残留的人工合成激素有关。

时下，许多养殖户为了降低养殖成本，采用人工合成生长激素来喂养经济动物，虽然达到了动物长得快、成本降低的目的，但所养殖出来的经济动物品质却大幅度降低，肉质疏松、粗糙、缺乏原有的香味。特别是这种靠人工合成激素养殖出来的经济动物，人类吃了后人工合成激素会残留在人体里，对人类的身体健康造成极大的危害。

那么，怎样不用或少用人工合成生长激素和抗生素等药物呢？笔者认为，人工发展生产天然活体动物蛋白饲料，如蝇蛆和蚯蚓等是切实可行的。蝇蛆和蚯蚓等体内含有极高的蛋白质，还含有极为丰富的动物所需要的各种天然的氨基酸和生长激素。而采用天然活体动物蛋白饲料喂养的动物体内无人工合成激素残留。

在许多西方发达国家，早就运用人工养殖蝇蛆和蚯蚓处理养殖场的粪便和城市垃圾，再以蝇蛆和蚯蚓代替精饲料，利用蝇蛆和蚯蚓天然的生长激素、抗生素等来投喂经济动物。这是生态养殖的一大趋势。

二、循环利用有机废物生产鱼粉、肉粉代替物

每家每户人、畜、禽的粪便和一些有机垃圾就是最好最廉价的原料。通过生态养殖，可以不断地循环利用这些原料，整个过程无废物生产。能生产出大量供各类养殖利用的优质的活体蛋白。

我们都知道，养殖动物都离不开动物类的饲料，像鱼粉、肉粉等。鱼粉、肉粉等不但富含蛋白质，而且还含有经济动物必不可少的天然生长激素类、各种氨基酸和微量元素。如果把鱼粉、肉粉等按一定比例添加到经济动物的饲料中，经济动物的生长就会加快，肉质也好。但有一个矛盾的地方就是鱼粉、肉粉等的价格较高，因此养殖的成本也会增加。那么，有什么办法能用一些廉价的东西来代替鱼粉、肉粉呢？答案是蝇蛆和蚯蚓就能完全代替鱼粉和肉粉等，并且比鱼粉和肉粉效果更好。蝇蛆和蚯蚓是廉价的动物蛋白饲料，只要有猪、牛、马、鸡、鸭

等的粪便就能生产出大量的蝇蛆和蚯蚓。

附 春季怎样养殖蝇蛆

养殖经济动物需要大量的蛋白饲料，但是，居高不下的饲料价格使养殖场的经济效益出现危机，其实最大的饲料开支就是蛋白饲料。有什么办法可以降低蛋白饲料的开支而又能达到良好的饲养效果呢？利用畜禽粪便养殖蝇蛆，既把动物的粪便进行环保型处理，同时又生产出大量的蛋白饲料，可以大幅度提高养殖场的经济效益。

蝇蛆的粗蛋白含量和鲜鱼、鱼粉及蚕蛹粉相近或略高。蝇蛆的营养成分也较为全面，含有动物所需要的多种氨基酸，其每一种氨基酸含量都高于鱼粉，其必需氨基酸总量是鱼粉的2.3倍，蛋氨酸含量是鱼粉的2.7倍，赖氨酸含量是鱼粉的2.6倍。

养殖蝇蛆可以利用房间或蝇笼饲养苍蝇，把畜禽粪便加入益生菌发酵处理后饲喂蝇蛆，一般几天后就可生产出大量的蝇蛆（图1-1，彩图）。养殖蝇蛆春季管理应注意以下几点。

图1-1 畜禽粪便加入益生菌发酵处理后饲喂蝇蛆，产出大量的蝇蛆

1. 蝇房保温

苍蝇的活动受温度影响很大。它在4～7℃时仅能爬行，10～15℃时可以飞翔，20℃以上才能摄食、交配、产卵，30～35℃时尤其活跃。春天气温较低，昼夜温差大，在自然条件下，苍蝇产卵较少甚至不产卵，若出现寒潮，还会造成苍蝇大量死亡。要保证苍蝇正常产卵，蝇蛆产量稳定，必须对蝇房实行保温措施。在房间内用泡沫板或塑料膜隔出一些较小空间，做成一些4～10米^{3}的密封保温养蝇房（适当留排气孔），把苍蝇集中在这些蝇房中单独饲养。光线较差的养蝇

房需挂一个100瓦以上的灯泡进行补光。蝇房在保温情况下室温仍不到20℃以上时，要进行适当增温。较小的蝇房可使用电灯或电炉进行增温；稍大的蝇房，可在里面放置蜂窝煤炉进行增温，炉子要加罩子，用铁皮烟筒把煤气导出蝇房，防止有害气体毒死苍蝇。

2. 粪料发酵

饲喂蝇蛆的饲料可选用以下配方。

① 猪粪60%、鸡粪40%。

② 鸡粪60%、猪粪40%。

③ 猪粪80%、酒精10%、玉米或麦麸10%。

④ 牛粪30%、猪粪或鸡粪60%、米糠或玉米粉10%。

⑤ 豆腐渣或木薯渣20%～50%、鸡粪或猪粪50%～80%。

⑥ 鸡粪100%或猪粪100%。

把粪料配制好后，再加入约10%切细的秸秆，均匀浇入益生菌（每吨粪加5千克），使粪料含水90%～100%，于发酵池中密封发酵。第三天把粪翻动，每吨粪再加入3千克益生菌，一般5～6天后粪料即可使用。春天气温较低，粪料发酵时间适当缩短，让粪料在饲喂蝇蛆过程中还可发酵产生热量，可减少或不用外加热源，蝇蛆都能正常生长。

3. 精管苍蝇

10米^{2}的蝇房保证至少2万只以上苍蝇数量。每隔2～3天要留出适量的蛆让其变成蛹羽化苍蝇，苍蝇的寿命一般为15天左右，种蝇每天都在老化死亡。

每天早上都要定时投喂苍蝇，投喂的配料为水350克、红糖50克和少量奶粉（10米^{2}养殖面积用量），为了提高苍蝇产卵量，再加入2克催卵素（催卵素投喂3天应停3天再用）。以上原料溶化后加入食盘海绵中，另用小盘盛装少量红糖块供苍蝇采食。食盘和海绵每隔1～2天需进行清洗。

每天下午用盆装上集卵物，放到蝇房让苍蝇到上面产卵。集卵物可采用新鲜动物内脏或麦麸拌新鲜猪血等。傍晚用少许集卵物盖住卵块利于孵化，第二天把集卵物和卵块一起端出加入育蛆池粪堆上。

4. 细育蝇蛆

粪料经过发酵后，堆入育蛆池中，堆3～5条、每条高度为20～30cm的垄条状粪埂。把从蝇房里取出的带蝇卵的集卵物加在粪料上，第二天再加一次，孵出的小蛆会钻入粪料中采食。

培育过程中，若发现孵出的小蛆一直在粪料表面徘徊，不钻入粪中，应适当添加麸皮拌猪血或新鲜动物内脏进行饲喂。蝇蛆还未长大就从粪料中出来到处乱爬，说明粪料透气性差或是粪料养分已消耗殆尽，应根据情况进行翻料或是尽快添加新粪料。

一般6天左右，粪料中的蝇蛆全部爬出，粪料养分也基本消耗，应把残料全部铲出，换进新的粪料再进行生产培育。铲出的残料加入益生菌进行密封发酵6～7天后，再用于饲养蚯蚓。

5. 蝇蛆的分离与加工

(1) 蛆粪的分离　经过4～5天的培养即长成蝇蛆，除留做种蝇的应继续留在粪中化蛹外，鲜蛆应与粪料及时分离。

① 光照分离法：由于蛆有较强的避光性，可采用强光照射，待蛆从表面向下移动，可层层剥去表面剩余的培养粪料，最后剩少量粪料与大量蝇蛆混在一起，可用铲铲入水中，经搅拌，蛆浮于水面，用纱网捞出。

② 自然分离法：根据蝇蛆3龄幼虫需要寻找干燥较暗的地方化蛹的习性，可在培养料表面四周空出10厘米的地方，撒上干谷壳，让3龄幼虫自动爬进谷壳内，这时用小棕毛刷收集鲜蛆，达到分离目的。

(2) 蝇蛆的加工　可将蝇蛆制成干蛆或蛆粉利用。其方法是先将分离后的鲜蛆用20%食盐水浸泡2分钟，以达到消毒和提高适口性的目的，然后进行烘干或晒干。加工方法是把收集到的干净蝇蛆放进开水中烫一下，蝇蛆马上就死掉了，然后捞出晒（烘）干、粉碎即可。

① 烘干：将鲜蛆置于200～250℃的烘箱内15～20分钟烘干，保存备用。这种方法速度快，水分易掌握，但成本高。

② 炒晒：首先利用微火炒至柔干，再进行晒干或阴干，但不能大火爆炒，避免降低蝇蛆干制品质量。试验证明，利用炒晒相结合的方法，简单、经济且实用，同时可缩短干制时间，保证干蛆品质。

③ 保存：蝇蛆日产量多，晒干后可粉碎控制好水分，便于长时间保存。蝇蛆加工时，要挑出腐烂变质的死蛆，以免影响蛆粉质量。在自然条件下采集蝇蛆，由于不洁净，故需长时间在流水中反复冲洗。冲洗时可将幼虫装入布袋中或竹篓中，边冲洗边翻动，至粪渣污物及杂质全部冲洗干净后，连同布袋投入沸水中，烫死幼虫后即提出，晒干或烘干，或用文火炒至微黄晾凉，即可保存。置通风处，防潮，防虫蛀。或者将干制的蝇蛆集中在容器或装入袋中，放置在阴凉、干燥且通风的地方，切勿装在塑料编织袋中，以防反潮发霉或被污染。饲喂畜禽时，磨成粉状，以提高蝇蛆干制品的利用率。用上述方法加工调制的干蛆，可保

存3～5个月。

6.蝇蛆饲用价值和生态效益

(1)蝇蛆饲用价值　蝇蛆是优质动物蛋白质饲料，蝇蛆饲料适口性好、转化率高、营养丰富，且可以降低饲料成本。由于蝇蛆中的氨基酸比鱼粉、肉骨粉含量要高，所以用蝇蛆粉代替鱼粉、肉骨粉等蛋白质原料，可大大提高肉牛的抗病能力及提高肉质的风味。

(2)蝇蛆的生态效益　利用蝇蛆对牛粪进行消化吸收，在集约化生产条件下获得生物肥和蝇蛆蛋白两个产品，这样不仅可以降低养殖场的饲料成本，还减少了对周边环境粪便污染。蝇蛆处理牛粪具有提高生产利润、净化生产环境等一系列的经济效益、社会效益和生态效益，具有农业生态工程的特点。

三、养殖成本大大降低

近年来，我国的养殖业也像工业一样出现了强烈的竞争，养殖成本居高不下，产品卖价却不断下降，养殖业面临着巨大的考验。

这是一项全新的无废物生产的生物链式的生态农业养殖模式。这种模式不但投资极少，且没有任何的风险；不但能生产出纯绿色的动物食品，且生产成本也大幅降低，生产的成本要比购买鱼粉、肉粉等成本要低得多。

综上所述，要想有效地降低养殖成本、生产绿色食品，特别是想要达到“一箭双雕”的效果，纵观所有养殖技术措施，可以说生态养殖是养殖业发展的必然趋势。

第三节　肉牛生态养殖的饲养方式

一、自然放牧

自然放牧就是将肉牛赶到草原、草场、草坡进行放牧，令其自然采食的一种饲养方式。这种方式主要适合距离水源较近、牧草丰富、草场（草坡）面积较大的地区。在广阔的大草原可以采用轮牧的方式进行放牧。

1.优点

① 饲养管理简单，节省人力、物力，饲养成本较低。

② 由于放养的饲喂属于自然放牧，牛有更多活动空间，所以肉质会比圈养的好。

③ 牛抗病能力强，不易发生疾病。

2. 缺点

① 生长发育较慢，牛比较瘦。

② 对于疫病防控较少或不易防控，一旦出现疫情，难以控制。

③ 不利于集约化、规模化发展。

二、利用全混合日粮进行圈养

全混合日粮（TMR）是将肉牛全部要采食的粗料、精料、矿物质、维生素和其他添加剂，使用专门的全混合日粮（TMR）加工机械或人工掺拌方法充分混合，配制成精粗比例稳定和营养浓度一致的全价饲料。配置全混合日粮是现代肉牛养殖发展起来的一种新型技术。应用这项技术，可以明显地提高饲料转化率，平均日增重提高10%以上。本饲养方式适合于规模化肉牛育肥场。

1. 全混合日粮的制作

按照肉牛不同饲养阶段的营养标准，结合所选择的干牧草、秸秆、青贮和精饲料的营养成分进行科学配制。

（1）人工制作

① 先用铡草机将秸秆、干草铡成2～3厘米长度。

② 再按青贮、干草、糟渣类和精料补充料顺序分层均匀地在地上摊开，使用铁锨等工具将摊在地上的饲料向一侧对翻，直至混匀为止。

③ 在拌的过程中加适量的水，水的含量以35%～45%为宜。

（2）机械制作　利用全混合日粮（TMR）搅拌机械进行制作。

① 一般按“先干后湿、先轻后重、先粗后精”的顺序投料。

② 卧式TMR搅拌车的原料填装顺序为，精料、干草、青贮料、糟渣类。立式TMR搅拌车的原料填装顺序为，干草、青贮料、糟渣类、精料。

③ 将原料混合，边投料边搅拌，在最后一批料加完后的4～8分钟完成搅拌，原则上是确保搅拌后TMR中有15%～20%的粗饲料长度大于4厘米。加料过程中要防止石块、铁器、包装绳之类的物件混入搅拌机。

2. 全混合日粮（TMR）饲喂

① 每日分早、晚饲喂2次。各按日喂量的50%分早、晚投喂，也可以按照早60%、晚40%的比例投喂。

② 使用移动式搅拌车将TMR直接投喂给牛群。或使用农用车，把制作的TMR拉运至牛舍饲喂。

③ 需要注意的是，牛舍建设要适合全混合车操作，饲料原料要多样化，每天要准确称量各种原料，要严格按配方进行加工，根据牛不同年龄、体重进行合理分群、合理饲喂。

三、自然放牧与圈养相结合的饲养方式

白天将牛群赶到草场（草坡）进行放牧，夜晚赶回圈舍补饲精料和饲草。这种方式适合于离草场较近但牧草不太丰富的地区。因为放牧草场草质较差、营养水平较低，单靠放牧不能满足肉牛的日常营养需要，所以需要补充精料和饲草。此种饲养方式的优点是：饲养成本低，便于管理，多适合能繁母牛的饲养；便于疫病的防控，可减少疾病的发生；通过夜间补饲精料，可以提高肉牛的饲料转化率，增加日增重。

第二章 饲养场舍的建造

无公害标准饲养场舍的建造，目的是给牛创造适宜的生活环境，保障牛的健康生长并生产出优质无公害的牛肉产品。同时还要尽可能地节约资金、降低成本。

第一节　建造原则

一、创造适宜的环境

适宜的环境可以充分发挥肉牛的生产潜力，提高饲料利用率。一般来说，可提高牛的生产力20%～30%。此外，即使喂给全价饲料，如果没有适宜的生存环境，饲料不能最大限度地转化为畜禽产品，也会降低饲料利用率。由此可见，修建肉牛舍时，必须符合肉牛对各种环境条件的要求。

（1）温度要求　肥阉牛的适宜温度范围为10～20℃，育成牛为4～20℃，在适宜温度范围之外，牛的生产性能降低，不同牛舍的最适温度见表2-1，肉牛的耐热性差，耐寒性相对较强，根据这一特点，日本推荐肉牛的防寒温度界限为4℃，防热温度界限为25℃。为了达到舍内冬暖夏凉的条件，要求墙壁、屋顶等外部结构的导热性弱、隔热性强。因此，选择的建筑材料极为重要。

表2-1　牛舍内的适宜温度

项　　目	最适温度/℃	最低温度/℃	最高温度/℃
肉牛舍	10～15	2～6	25～27
哺乳犊牛舍	12～15	3～6	25～27
断乳牛舍	6～8	4	25～27
产房	15	10～12	25～27

（2）湿度要求　肉牛舍内干燥、空气新鲜且尘埃和细菌数少，有利于牛的健康；空气湿度大时，可加快微生物特别是病原微生物的繁殖，不利于牛体健康；低温、高湿会加快体热的散失，牛易患感冒等呼吸道疾病；高温、高湿时会抑制汗液的蒸发和体热散发，使牛体的最适温度区范围变窄，不利于牛体体温的调节，采食量下降，使饲料效率下降。空气过于干燥时，不利于呼吸道健康。肉牛舍内适宜的空气湿度为55%～75%。因此，肉牛舍要有一定数量和大小适宜的窗口、通风管、换气装置，才会使冬季温暖、湿度小，夏季干燥、凉爽。

（3）牛床要求　牛床是肉牛吃料和休息的地方。肉牛在一天内约有50%的时间是躺着的，为了保证肉牛安静地休息和牛体清洁，牛舍地面应保温、不透水、防滑、柔软。

二、符合生产工艺

生产工艺是指肉牛生产上采取的技术措施和生产方式。包括牛群的组成和周转方式、运草料、饲喂、饮水、清粪等，此外，也包括称重、断角、去势、防疫注射、驱虫等技术措施。因此，修建肉牛舍必须与生产工艺相配合。如果饲养管理工作方便，就能提高工作效率、节省劳力且工作比较轻松，否则，必将给生产带来不便，甚至使生产无法进行。例如：饲喂通道过窄，会给生产操作造成不便；饲槽长度不够，造成争食，弱者吃不到饲料；饲槽过矮，因肉牛颈短而造成采食困难；围栏面积过小，牛不能很好地休息，也会导致争斗和造成不良生活环境。因此，设计肉牛舍应该考虑到大规模饲养时便于节省劳力，小规模饲养时便于观察每头牛的状态。

三、因地制宜，节约投资

肉牛舍修建还应尽量降低工程造价和设备投资。牛舍的投资相当大，一般建筑可用20年左右，设备一般可用5～15年，但投资的折旧费差不多要占年支出的第一位或第二位。通过压缩基本建设投资，可降低生产成本，加快资金周转。因此，肉牛舍修建应尽量利用自然界的有利条件（如自然通风、自然光照等），尽量就地取材，采用当地建筑施工习惯，适当减少附属用房面积。

农村发展肉牛，在资金不充足的情况下，要尽量利用现有房舍，例如旧厂房、仓库及旧牛舍，但要经过修缮和改造。待肉牛饲养量发展到一定规模，也有了一定的经济实力后，可以因地制宜地建造各种简易牛舍。总之，要处理好肉牛、饲料、牛舍三者之间的投资比例。

第二节　场址的选择

牛场场址的选择要有周密考虑、统筹安排和比较长远的规划。必须与农牧业发展规划、农田基本建设规划以及今后修建住宅等规划结合起来，必须适应现代化无公害养牛的需要，所选场址要有发展的余地。

1.地势高燥

牛场用地应符合当地土地利用规划的要求，肉牛场应选在地势高燥、背风向阳、空气流通、地下水位低、通风、易于组织防疫、易于排水并且有缓坡的平坦开阔的地方，地面坡度以1%～3%为宜，总坡度应与水流方向相同。要求地下水位低于2米，最高水位应在青贮窖底部0.5米以下，总坡度应向南倾斜，山区或丘陵地带应把牛场建在山坡南面或东南面。

2.土质良好

牛场用地土质要坚实，最好是沙质土壤，透水透气性好，污水不易积聚，雨后没有硬结，有利于牛舍及运动场的清洁与卫生干燥，有利于防止蹄病及其他疾病的发生。但要避免存在被有机物、病原菌、寄生虫或其他有害物质污染过的土壤，这对肉牛健康和生产非常有益。

3.水源充足

肉牛场场址的水量应充足，并合乎卫生要求，以保证生活、生产及牛的正常饮水，不含毒物，以确保人、畜安全和健康。每头成年肉牛每日耗水量为45～60千克；水质良好，不经处理即符合饮用标准的水最为理想。

4.草料丰富

肉牛饲养所需的饲料特别是粗饲料需要量大，不宜运输。肉牛场应距秸秆、青贮和干草饲料资源地较近，以保证草料供应，减少运费，降低成本。不同年龄牛的饲草、饲料的用量见表2-2。

表2-2　各种牛用饲草、饲料计算（风干物）

种类	精饲料/[千克/(年·头)]	粗饲料/[千克/(年·头)]	备注
成年牛	1500	3000～3500	以平均日增重1.2千克计算
育成牛	700	2000～2300	6～7月龄平均
犊牛	400	400～500	0～6月龄平均

5.交通方便

架子牛和大批饲草饲料的购入、育肥牛和粪肥的销售、运输量很大，来往频繁，有些运输要求风雨无阻。因此，肉牛场应建在离公路或铁路较近、交通方便的地方。

6.卫生防疫

牛场周围1000米以内，无大型化工厂、采矿厂、皮革厂、肉品加工厂、屠宰场或养殖场、活畜交易市场等污染源。适当远离公路、铁路、机场、牲畜交易市场、屠宰场及居民区，以防止疾病传播及噪声等的影响，牛场距离干线公路、铁路、城镇500米以上。牛场周围有围墙（围墙高于1.5米）或防疫沟（宽度大于2米），并建立绿化隔离带。饲养区内部不应饲养其他用途的牛。饲养区外1000米内不应饲养其他偶蹄目动物。符合兽医卫生和环境卫生的要求，周围无传染源。

7.节约土地或少占耕地

节约用地就是各项建设都要尽量节省用地，千方百计地不占或少占耕地。建设用地必须提高投入产出的强度，提高土地利用的集约化程度。通过整合置换，合理安排土地投放的数量，改善建设用地结构、布局，挖掘用地潜力，提高土地配置和利用效率。节约集约用地，并不是不许用地，而是要用得合理、用得科学、用得有效率。不该用的地就不用，能少用的地就少用，能用劣地的就不用好地，尽量不占耕地。要少用地、多养牛、多出效益。

8.避免地方病

人、畜地方病多因土壤、水质缺乏或过多地含有某种元素而引起。地方病对肉牛生长和肉质影响很大，虽可防治，但会增加成本，并影响牛肉产品的安全性，应尽可能避免。

第三节　场地规划和布局

肉牛场内的各种建筑物的布局应本着因地制宜和科学饲养管理原则，既要保证肉牛的生长发育和有利于提高劳动效率，又要合理利用土地资源，节约基本建设投资。因而建筑物的布局应力求整齐、紧凑，使工作人员能以最短的路线到达牛舍，避免穿行整个牛场。同时要有利于生产和兽医防疫，并符合消防要求。

1.规模选择

规模大小是场区规划与牛场设计的重要依据，规模确定应考虑以下几个方面。

(1) 自然资源 特别是饲草饲料资源，其是影响饲养规模的主要制约因素，生态环境对饲养规模也有很大影响。

(2) 资金情况 肉牛生产所需资金较多。若资金周转期长，则回报率低。如果资金雄厚，规模可大些。总之，要量力而行，进行必要的资金运行分析。

(3) 经营管理水平 社会经济条件的好坏、社会化服务程度的高低、价格体系的健全与否以及价格政策的稳定性等，对饲养规模有一定的制约作用，应予以考虑。

2.场地面积

肉牛生产中，牛场管理、职工生活及其他附属建筑等需要一定场地、空间。牛场大小可根据每头牛所需面积，结合长远规划计算。牛舍及其他房舍的面积为场地总面积的15%～20%。由于牛体大小、生产目的、饲养方式等不同，每头牛占用的牛舍面积也不一样。育肥牛每头所需面积为1.6～4.6米^2；通栏育肥牛舍，有垫草的每头牛占2.5～4.6米^2，有隔栏的每头牛占1.6～2米^2。

3.场区规划

肉牛场的规划和布局应本着因地制宜和科学管理的原则，以整齐、紧凑、提高土地利用率和节约基建投资、经济耐用、利于生产管理和便于防疫及生产安全为目标。各类建筑物要合理布置，符合发展远景规划；符合牛的饲养、管理技术要求；放牧与交通方便，以便运输草料和牛粪及适应机械化操作要求；遵守卫生和防火要求。

肉牛场场区按功能规划为生活区、管理区、生产区、粪尿处理区、病牛隔离治疗区等。根据当地的主要风向和地势高低依次排列。应依据确定的肉牛场规模对各分区的面积和相关设施等进行具体布局，牛场生产区应布置在管理区主风向的下风向或侧风向，隔离牛舍、污水、粪便处理设施，病牛、死牛处理区设在生产区主风向的下风向或侧风向。

(1) 生活区 建在其他各区的上风头和地势较高的地段，并与其他各区用围墙隔开一定距离，以保证职工生活区的良好卫生条件，这也是牛群防疫的需要。

(2) 管理区 管理区是肉牛场职工办公区和对外业务联系区，建有相应的办公室和接待室。为防止外来人员联系工作时穿越饲养区或职工家属随意进入饲养区，管理区要建在靠外墙处，并建有内墙与饲养区隔开，有专用门出入。饲料库及其他仓库都应设在管理区。

（3）饲养区　饲养区是牛群活动区。牛舍、青贮窖、饲草堆放场、饲料加工调制间及育肥牛出场通道和出粪通道等应进行合理布局。一般可把牛舍集中分几排建在本区的主要位置，采取长轴平行放置的方式，牛舍间距 10～15 米。牛舍一侧为饲料场地，分别为青贮窖、饲料场等，有饲料通道与牛舍相通。在育肥牛舍有通道与外界相通，建有可供运牛车辆停靠及便于赶牛上车的专用台和消毒池，平时通道关闭。牛舍的另一侧是出粪的专用通道，把牛舍或运动场清理的粪用粪车运出本区处理，严禁外部车辆进场运粪。职工进出饲养区有专用通道，并建有紫外线消毒间、更衣室、淋浴室和消毒液水池。

（4）粪污处理区　粪污处理区是消除污染区。饲养区下水与生活区下水连在一起，然后通入本区污水池，进行无害化处理后排出场外。牛粪运到本区后堆放成厩肥或干燥生产复合肥。另外，沼气池也应建在本区，利用粪污生产沼气供使用。

（5）病牛隔离治疗区　即防止疫病传播区。包括病牛舍、康复牛观察舍、兽医室、病尸处理间等。本区应建高围墙与其他各区隔离，相距 100 米以上，处在下风头和低处。设有带消毒池的专用通道，进出严格消毒。病牛粪尿和尸体必须彻底消毒后方可运出并深埋，病牛或淘汰牛的尸体按要求进行无害化处理。

第三章

生态养殖肉牛的饲料配制

牛要维持生命活动和形成畜产品就必须从饲料中摄取所需要的营养物质，因而要想提高饲料的转化效率和畜禽的生产能力，就必须了解饲料中所含有的营养成分，以及它们对牛的健康和生产性能所起的作用。牛的饲料除少数来自牛、矿物质和工业产品外，大多数来自植物。饲料配制就是根据牛体对各种营养物质的需要，按照不同比例进行科学搭配。

第一节　肉牛的营养需要

为了使肉牛生长快，饲料转化率高，降低生产成本，提高经济效益，必须了解和掌握肉牛的营养需要，包括蛋白质、能量、矿物质、维生素和水等。

一、蛋白质的需要

蛋白质是生命的物质基础，也是牛肉的主要成分。肉牛生产实质上就是蛋白质生产，就是把各种饲料转化成人类的高级食品——牛肉。

肉牛的蛋白质需要量随着肉牛的年龄、体重、增重速度和育肥目的的不同而不同。不同年龄牛的日粮蛋白质含量分别为：低于 3 月龄犊牛 20%，3～6 月龄 16.5%，7～9 月龄 15%，10～12 月龄 12%，13～36 月龄 10%～11%。体重达到 300 千克以上的架子牛舍饲育肥时，蛋白质在日粮中的比例达到 10%即可。犊牛 6～12 月龄育肥时，体重在 150～200 千克，蛋白质在日粮中的比例应达到 15%左右。随着体重增大，蛋白质在日粮中的比例逐步下降，如果追求较高的日增重或生产高档牛肉，日粮中蛋白质的比例应较一般育肥时高出 1 个百分点。在强度育肥时，日粮中蛋白质水平应比一般育肥高出 1～2 个百分点。

对幼龄犊牛，由于其瘤胃功能尚不健全，必须喂给优质蛋白质饲料，如全乳、脱脂乳粉和优质豆科牧草等。

饲粮中蛋白质不足，使牛体内蛋白质代谢变为负平衡，体重减轻，生长率降低；影响牛的繁殖，公牛精子数量减少、品质降低；母牛发情及性周期异常，不易受孕，即使受孕胎儿发育不良，甚至出现怪胎、死胎及弱胎。

二、能量的需要

肉牛由消化能转变为代谢能的效率一般为82%。对于牛饲料能量价值的评定，多数国家以净能表示，原因是育肥牛的能量需要可分为维持需要和增重需要两部分。维持需要是指不增重也不减重，仅维持正常生理活动（维持生命）时所需要的能量；增重需要是指肌肉、脂肪、骨骼等增长或沉积时所需要的能量。育肥牛采食的营养物质，只有在高于维持需要时才能有剩余能量用于增重需要，剩余越多，用于增重的能量越多，增重也越快。

育肥牛在维持需要的基础上，每增重1千克活重所需要的能量随年龄的增长而增加。因此，在选择育肥牛时，需考虑牛的年龄，充分利用幼龄育肥牛增重能量需要量低的规律，以降低增重的饲养成本，提高肉牛育肥的经济效益。

肉牛在冬季育肥，由于外界气温低，要消耗较多的能量。因此，消耗的饲料也较多；在夏季天气炎热时，会降低牛的采食量，导致增重能量相对减少，因此，增重下降。

育肥牛的瘤胃里虽然有大量微生物，能够分解较多的粗纤维，将其转化为肉牛能够利用的能量，但由于粗饲料松散、体积大，在瘤胃内停留时间长，限制了肉牛的采食量。因此，在粗饲料比例较大的日粮条件下，能量浓度较低，肉牛增重速度较慢。在催肥期，提高日粮中精饲料的比例，能提高育肥牛的增重效果。

三、矿物质的需要

肉牛必需的矿物质元素有钙、磷、钠、氯、钾、硫、碘、铜、镁、锰、锌、钴、钼、硒，其中需要量大、易缺乏的是钙、磷、硫、钠、氯这五种元素。

1. 钙、磷的需要

钙和磷是肉牛体内含量最多的矿物质，是骨骼和牙齿的重要成分，约有99%的钙和80%的磷存在于骨骼和牙齿中。钙是细胞和组织液的重要成分，磷是核酸、脑磷脂、卵磷脂的组成成分。成年牛缺钙可引起软骨症或骨质疏松症，泌乳母牛的乳热症由钙代谢障碍所致，由于大量泌乳使血钙急剧下降，甲状旁腺功能未能充分调动，未能及时释放骨中的钙贮补充血钙。此病常发生于产后，故亦称产后瘫痪；缺磷会使牛食欲下降，并出现“异食癖”，如爱啃骨头、木头、砖块和毛皮等，泌乳量也下降。

钙、磷对牛的繁殖影响很大。缺钙可导致难产、胎衣不下和子宫脱出；缺磷的典型症状是母牛发情无规律、乏情、卵巢萎缩、卵巢囊肿及受胎率低，或发生流产，产下生活力弱的犊牛。

高钙日粮可引起许多不良后果。因元素间的拮抗而影响锌、锰、铜等的吸收利用；因影响瘤胃微生物区系的活动而降低日粮中有机物质的消化率等；日粮中过多的磷会引起母牛卵巢肿大，配种期延长，受胎率下降；日粮中钙磷比例不当也会影响牛的生产性能及钙、磷在牛消化道中的吸收。实践证明，理想的钙磷比是（1∶1）～(2∶1)。

在一般情况下，青年育肥牛钙的需要量，维持需要按每100千克体重2克计算，每增重1千克按15克计算。日粮中钙、磷含量，按干物质计算，最低应分别占0.3%和0.2%。

钙、磷的利用率取决于其在饲料中的存在形式。呈离子状态或溶解状态者，其吸收率可达到100%；饲料中磷常以植酸磷形式存在，其利用率为60%；粗制磷酸盐产品，磷的利用率为68%，各种石粉的钙利用率在70%以上。肉牛日粮中石粉或贝壳粉添加量，一般为1%～2%。

2.钠、氯的需要

钠与氯主要存在于体液中，对维护牛体内酸碱平衡、细胞及血液间渗透压有重大作用，可保证体内水分的正常代谢，调节肌肉和神经的活动。氯参与胃酸的形成，为饲料蛋白质在真胃消化和保证胃蛋白酶作用所需的pH所必需。牛日粮需补充食盐来满足钠和氯的需要，缺乏钠和氯，牛表现为食欲下降，生长缓慢，减重，泌乳下降，皮毛粗糙，繁殖机能降低。

肉牛对钠和氯的需要一般以食盐的形式表示。生长肉牛每头每天需钠2～3克（占日粮的0.05%），日粮干物质中含食盐0.1%就可以满足其对钠和氯的需要，在肉牛日粮配方中，食盐占日粮干物质的0.25%。当食盐含量超过日粮干物质的1%时，肉牛饮水量增加4%～5%，而对增重没有任何促进作用。牛采食青绿饲料比采食干饲料需要食盐量大，约增加1倍；采食粗饲料日粮比采食高精料日粮需要食盐多。

3.硫的需要

硫在牛体内主要存在于含硫氨基酸（蛋氨酸、胱氨酸和半胱氨酸）、含硫维生素（硫胺素、生物素）和含硫激素（胰岛素）中。硫是瘤胃微生物活动中不可缺少的元素，特别是在瘤胃微生物蛋白质合成中，能将无机硫结合进含硫氨基酸和蛋白质中。

牛日粮中添加尿素时，易缺硫。缺硫能影响牛对粗纤维的消化率，降低氮的利用率。用尿素作为蛋白质补充料时，一般以日粮中氮和硫之比为15：1为宜。

四、维生素的需要

畜禽对维生素的需求量很小，但作用极大。维生素是酶的组成部分，直接参与酶的活动。因此，当维生素不足时，就会影响正常代谢，出现食欲下降、生长停滞甚至感染某些疾病。反刍牛瘤胃内可以合成B族维生素、维生素K、维生素C，所以这几种维生素一般不缺乏。牛在长期舍饲条件下，缺乏青饲料中，或饲料经过高温处理，维生素遭到破坏时，易发生维生素A缺乏；肉牛通过日光照射或采食日光晒制的干草即可满足维生素D；维生素E是一种抗氧化剂，能促进维生素A的吸收和贮存，某些地区犊牛易患白肌病，多是由于缺乏维生素E或硒而致。维生素A长期不足时，牛采食量下降、增重降低，严重缺乏时会引起夜盲症、犊牛瞎眼等疾病。生长育肥牛要求每千克日粮中含2200国际单位维生素A，或肌肉注射100万国际单位乳化维生素A，可防止生长育肥牛在2～4个月内缺乏维生素A。炎热的夏季，维生素A的需要量增加，每天可增加到5万国际单位。

第二节　肉牛的日粮配合

一、日粮配合的原则

肉牛的日粮指肉牛一昼夜所采食的各种饲料的总量，其中包括精饲料、粗饲料和青绿多汁饲料等。对肉牛日粮进行合理配方的目的是要在生产实际中获得最佳生产性能和最高利润，因此，肉牛的日粮配合应遵循以下原则。

（1）适宜的饲养标准　我国肉牛的饲养标准是根据我国的生产条件，在适宜温度、舍饲和无应激的环境下制定的，在实际生产中应根据实际饲养情况做必要的调整。

（2）日粮组成要多样化　多种饲料进行合理搭配，可以使营养得到互补，提高饲料利用率。所选的饲料应新鲜、无污染，对畜禽产品质量无影响。

（3）充分利用当地饲料资源　因地制宜，就地取材，选择资源充足、价格低廉的原料，特别是要充分利用当地农副产品，可以降低饲养成本。

（4）饲料种类要保持相对稳定　为了保证肉牛的正常采食量和生长发育，配合日粮的饲料种类要保持相对稳定。

（5）注意饲料卫生　配合日粮时，要求所用饲料的品质优良，应具有一定的新鲜度，具有该品种应有的色、嗅、味和组织形态特征，无发霉、变质、异味等。

（6）适当的精粗比例　根据牛的消化生理特点，适宜的粗饲料对牛肉健康十分必要，以干物质为基础，日粮中粗饲料比例一般在40%～60%，强度育肥期，精料可高达70%～80%。

（7）注意可消化性　牛的采食量大，日粮通过消化道快。饲料易消化，牛不仅能多采食，而且单位日粮的消化率也提高。所以，日粮应选择易消化、易发酵的饲料。

（8）注意饲料浓度　当精料在日粮中的比例趋大时，饲料消化率提高，但日粮能量超过2倍维持量之后，随着日粮能量的增加而消化率降低，加上采食量并不增加。所以，过多地利用精料并不能达到预期目的。

（9）青贮饲料的制作　青贮料是利用自然界的乳酸菌、醋酸菌等有益微生物在生长繁殖过程中所产生的乳酸菌和乙酸，抑制有害微生物的生长繁殖，使青料不腐败，具有酸香味而得以贮存备用。含糖分多的饲料最易青贮，如红苕、蔓菁、南瓜、玉米叶秆、禾本科牧草等。相反，含蛋白质较多而含糖分较少的豆科牧草，要与含糖分高的原料混合青贮，才易于保证青贮品质。

① 制作青贮料需要一定的设备，如青贮窖、塑料袋等。青贮容器的形状和大小依青贮数量多少而定，以经济实惠为宜。

青贮料的制作要求收割、铡短、配料、装窖、封窖连续进行，突击性一次完成。

a.收割：现蕾扬花时收割最佳。此时水分、粗纤维适中，产量也不低。目前常用的青贮原料为蔬菜脚叶、洋芋茎叶和玉米秆叶等（图3-1，彩图）。前者可以喂猪，后者喂牛羊等草食畜。青料放置田间不宜过长，要随割随运，防止因叶片掉落或腐烂等造成损失。

b.铡短：铡短便于踩实，排除空气。猪用青贮料以1～2厘米为宜，牛羊等青贮料以4～6厘米为宜（图3-2，彩图）。铡短前先将霉烂、带泥沙或不干净、

图 3-1　玉米秆叶作为青贮原料

图 3-2　铡短的青贮料

老化的饲料除去。

c.配料：根据水分和糖分含量不同，在青贮时适当添加或搭配一种或几种原料进行控制。如蔬菜脚叶、洋芋茎叶等含水量较多的饲料青贮时，在装窖前需经晾晒或均匀拌入10%左右的米糠或粉碎糠，使之含水量达到用力捏成团而不滴水为宜；玉米秆叶青贮时，由于玉米秆叶水分含量低，植物细胞液汁较难渗出，可添加食盐青贮以促进细胞渗出液汁，有利于乳酸菌的发酵，提高青贮料的品质。一般食盐添加量占青贮料重的0.2%～0.5%。

d.装窖：要求边铡、边装、边踩压。要逐层平摊装填，逐层踩紧，不能成堆堆入。装满后要使青贮原料高出表面成馒头状，一般以高出5～10厘米为宜。

e.封窖：上面用塑料薄膜覆盖好后，用细土、稀泥或沙子封严，隔几天出现裂缝时用干土或沙子填充堵塞，防止透气变质。

f.青贮料的利用：封窖后一般经过1个月时间发酵即可取用。制作得好的青贮料，可在密封窖内保存半年以上。凡发霉腐烂的青贮料不能饲喂，要求现取现喂。取出放置过久则易霉烂。每次取用，要注意盖严保存好剩余在窖中的青贮料。注意青贮料与配合料搭配。青贮料喂量从少到多，让牲畜逐步适应。

② 青贮料的品质鉴定（感官鉴定标准）

a. 优良等级：颜料为青绿或黄绿色，有光泽，近于原色；气味为芳香酒酸味，给人以舒服感；酸味浓；结构为茎、叶、花保持原状，湿润，紧密，容易分离。

b. 中等级：颜色为黄褐色或暗褐色；气味为有刺鼻酸味，香味中等；结构为茎、叶、花部分保持原状，柔软，水分稍多。

c. 低等级：颜色为黑色、褐色或暗墨绿色；气味为具有特殊刺鼻腐臭味或霉味；酸味淡；结构为腐烂、污泥状、黏滑或干燥，黏结成块，无结构。

（10）适口性要好　日粮适口性好，牛采食量就大。日粮组成多样化能提高适口性。对日粮进行调制加工，不仅可提高适口性，也提高了消化率。

（11）考虑日粮成本。

二、日粮配合的方法与步骤

1. 日粮配合的方法

（1）电脑配制法　是利用线性规划的原理，借助电子计算机，考虑多种可变因素（如原料种类）和限制因素（包括营养和非营养限制因素），其项目多达50种以上，用来配合最低成本日粮配方，此法迅速、准确，但需要一定的设备条件，目前已在大型现代化牛场应用。

（2）方形对角线法　适合计算蛋白质饲料的配合，不便配制饲料种类较多的日粮。

（3）试差法　计算复杂，但可以考虑多种饲料、多种成分的需要，应用较为普遍。

2. 日粮配制步骤

根据牛群的性别、年龄、体重和预期日增重，查出肉牛的营养需要；根据当地资源，确定所用饲料的种类，并查出营养成分和价格；根据肉牛体重和日增重，确定采食量、精粗料比例；设计各种饲料的大致用量，计算出可能提供的养分；设计配方提供的各种养分与营养需要比较，进一步调整配方，直到满足需要为止。

日粮配合的举例：以配制体重200千克、日增重0.7千克生长育肥牛日粮为例。

① 查表3-1可知体重200千克、日增重0.7千克生长育肥牛的营养需要为：代谢能9.6兆焦/千克干物质，粗蛋白质10.8%，钙0.32%，磷0.28%。

② 根据当地饲料资源和价格，确定粗饲料用玉米秸、小麦秸和干红薯秧，精料用玉米和酒糟，查出各饲料的养分含量，见表3-1。

表3-1 各种饲料的养分含量

饲料品种	干物质/%	代谢能/(兆焦/千克)	粗蛋白质/%	钙/%	磷/%
玉米秸	91.1	8.4	7.74	0.43	0.27
小麦秸	91.6	5.6	3.1	0.28	0.03
干红薯秧	88	8	9.2	1.76	0.13
玉米	88	13.9	9.7	0.02	0.24
高粱酒糟	37.7	12.7	24.7	0.28	0.45

③ 确定采食量及精粗料比例，并计算出粗料所提供的各种营养含量。同时可查出干物质采食量为5.7千克，其中粗料占70%～80%。几种粗料的配合比例及其总体的养分含量：玉米秸65%、小麦秸25%、干红薯秧10%。配合之后，其代谢能为7.7兆焦/千克，粗蛋白质6.73%、钙0.53%、磷0.2%。

④ 饲料日粮配方组成。粗饲料日采食量3.7千克，占日粮的比例为64.9%。粗饲料的配合比例为玉米秸65%，小麦秸25%，干红薯秧10%。精饲料采食量2千克，占日粮比例为35.1%。精饲料的配合比例为玉米50%，精糟50%，另加0.175%的尿素和0.25%的食盐。

⑤ 利用尿素补充粗蛋白质差额，另加0.25%的食盐。补加尿素10克后粗蛋白质含量达10.91%。至此，所配日粮基本能满足200千克体重、日增重0.7千克肉牛的营养需要。

⑥ 拟定粗饲料和各种精饲料的用量并计算其所提供的各种养分，见表3-2。

表3-2 不同饲料的用量及其营养成分

饲料名称	用量/千克	代谢能/(兆焦/千克)	粗蛋白质/%	钙/克	磷/克
混合粗料	3.7	28.3	24.9	19.6	7.4
玉米	1	13.9	9.7	0.2	2.4
高粱酒糟	1	12.7	24.7	2.8	4.5
合计	5.7	54.9	59.3	22.6	14.3

⑦ 上述配合日粮食根据干物质基础计算的。因此，再根据每种饲料的干物质（%）含量，换算成以原样为基础的配合日粮组成，如表3-3。

表 3-3　配合日粮计算

日粮所用饲料	干物质/千克	干物质/%	原样基础/千克
玉米秸	2.4	0.911	2.64
小麦秸	0.93	0.916	1.01
干红薯秧	0.37	0.88	0.42
玉米	1	0.88	1.14
高粱酒糟	1	0.377	2.65
合计	5.7		7.86

第四章 微生态养殖

第一节 多元化饲草种植

1.建立紫花苜蓿基地

可以建立成片的紫花苜蓿基地，通过单播和保护播种的方式以提高紫花苜蓿的成活率，也可以通过混播以提高多年生牧草的比例。

2.建立全株青贮玉米基地

建立青贮玉米基地，调整产业结构。扩大以全株青贮玉米为主的一年生牧草种子面积，加大禾本科、豆科牧草的种植面积，加大禾本科牧草混合复种的面积，实现饲草产量最大化和结构多元化。

3.建立青绿多汁饲料基地

加大胡萝卜、饲料甜菜的种植面积，以加大青绿多汁饲料的供给。青绿多汁饲料的应用满足了肉牛多种维生素、微量元素的缺乏。

第二节 科学调制饲草

一、多年生牧草干贮

通过提高机械化程度，及时刈割，对多年生牧草实行干贮为主。示范推广禾本科牧草混贮。紫花苜蓿刈割最适宜时期为孕蕾至初花期，因此时的营养价值最高。应选择晴天刈割防止雨淋，制干至含水量约20%（可折断）时堆垛存放。

（1）制干　紫花苜蓿贮藏必须制干，预防霉变，制干可用自然晒干、风干和烘干，其中烘干成本较高。

（2）碾干　盛花期紫花苜蓿青割打成捆，将其与麦秸或其他作物秸秆混合碾压1～3遍，晾晒后堆贮或打捆。

（3）打垛　将碾青后的紫花苜蓿和农作物秸秆混合打垛，垛的最上层全由麦草构成（防雨）。

（4）制粒　用制粒机将风干后的紫花苜蓿制粒，作为高蛋白饲料利用。

二、一年生牧草青贮（玉米、甜高粱等一年生牧草实行青贮）

（1）收割　全株青贮玉米适宜的收割时期是玉米秸秆有1～2片叶枯黄时或乳熟时期为佳。

（2）铡短切碎　青贮时将收割来的原料切至3～5厘米，水分保持在60%～70%。（抓一把切断的原料握在手中紧捏，手中有水珠但不成串则水分适中。若捏不出水珠，是水分不足，要加水调制；若成串流出，则水分过大，可晾晒或加入秕谷以减少水分。）

（3）装料、压实　随割随切随装填在青贮窖中，分层装填分层压实，即装料30～45厘米时必须压实一次，小型窖人工踩踏，大中型窖用拖拉机进行来回镇压，边缘和四周压不到的要用人脚踩踏，排除缝隙存留的空气。

（4）封顶、检查　直至装填原料高于青贮窖上沿30厘米成馒头形，为防止接触棚膜的一层变质腐烂，在原料表面均匀撒食盐250克/米^2，然后盖上厚0.125毫米的无毒塑料膜，膜上面压上厚约20厘米的土并压实，四周封严，以保证厌氧发酵。随时观察，如有下沉和裂缝，应及时修填拍实，并在四周挖好排水沟。

（5）开窖启用　一般青贮后经20天左右的乳酸发酵过程就可开窖取用，使用青贮饲料过程中要自上而下逐层取料，始终保持料面平整，取料后随手封好，以防止二次发酵。

（6）品质鉴定　优质青贮料为青绿色或黄绿色有光泽，有芳香酒酸味，质地柔软湿润，茎、叶结构良好，保持原状容易分离。劣质的多为褐色、黑褐色或黑色，质地松软腐烂，失去茎叶的结构，有臭味或霉味，这种青贮料不能喂牛。

（7）饲喂方法　用优质青贮料喂牛开始时由少到多与其他饲料掺喂，饲喂量不超过日粮总量的1/2，犊牛每头日喂量3～5千克，育肥牛每头日喂量10～15千克。

三、农作物秸秆氨化、微贮

农作物秸秆氨化为主，示范推广微贮，通过加工调制实现牧草的有效利用，解决肉牛养殖常年缺草的瓶颈问题。

1. 氨化饲料

饲草氨化是今年来国内外大力推广的畜牧实用新技术，经氨化处理的秸秆，粗蛋白含量提高1～2倍，而且适口性好，利用率高。能量转化率可提高10%～15%。现将其制作方法介绍如下。

（1）氨化前的准备　各种农作物秸秆，一般都可氨化，如玉米秆、稻草和麦秸等。用于氨化的秸秆最好是新的、没受污染的；氨化要选择风和日暖的天气进行。先准备好铡草机和配套动力及大缸、水桶、喷壶等用具。

（2）配制尿素溶液　按100千克秸秆加3～5千克尿素、10千克水。先按比例配制好尿素溶液，准确称取尿素放入大缸中，然后加足水。如气温较低，可先用少量温水将尿素溶解，然后按比例加足水，并用木棒搅动，直至尿素完全溶解为止。

（3）装窖与封窖　用铡草机或切割机将秸秆铡成2～3厘米大小，装入窖中。一边装窖，一边用喷壶均匀喷洒尿素溶液，一边踏实。装满窖口，高出地面30厘米为止。装窖要连续作业，当日封窖。装满窖后，用塑料布盖严，上面覆土20厘米厚。周围挖好排水沟，防止雨水渗入。应经常检查，如发现下沉裂缝，及时用土填平。

（4）开窖与利用　一般冬季50天、春秋季20天、夏季10天即可开窖利用。开窖后，氨化饲料具有强烈的氨气味，经1～2天风吹日晒，氨气味散净后再喂牲畜。开始牲畜不习惯吃氨化饲草，可先少掺些，以后逐渐增多。

2. 微贮饲料

秸秆微贮是在秸秆中加入微生物活性菌种，放入一定的容器中进行发酵，使秸秆变成带有酸、香、酒味的家畜喜食的粗饲料。由于它是利用微生物使饲料进行发酵，故称微贮。秸秆微贮饲料的特点是成本低、效益高，能提高消化率和营养价值。

（1）原料　麦秸、稻草、黄玉米秸、土豆秧、山芋秧、青玉米秸、五毒野草及青绿水生植物等，无论是干秸秆还是青秸秆，都可作为微贮的原料。

（2）调制方法　微贮时秸秆铡成3～5厘米长，将草按1∶（1.5～2）的比例均匀喷洒水，即100千克干草加水150～200千克，酶贮复合酶的用量是干草重量的 0.1%。先用 10 倍以上玉米粉或 20 倍以上麸皮加 1.0%～1.5%的食盐混合均匀，再逐级与草粉混合均匀。要有计划地掌握应喷洒的数量，使秸秆含水率达 60%～70%。喷洒后及时踩实，尤其注意窖的四周及角落处。压实后再铺放 20～30 厘米厚的秸秆，喷洒菌液、踩实等。如此一层层装填原料，直到高出窖口 30 厘米，在最上层均匀撒上食盐粉，盖塑料薄膜。食盐用量 250 克/米^2，其目的是确保微贮饲料上部不发生霉烂变质。盖塑料薄膜后，在上面铺 20～30 厘米厚的稻草或麦秸，覆土 15～20 厘米，密封。随时观察，如有下沉和裂缝，应及时修填拍实，并在四周挖好排水沟。

（3）品质鉴定　秸秆微贮饲料，一般需在窖内贮 21～30 天，才能取喂，冬季则需要时间长些。取料时要从一角开始，从上到下逐段取用。每次取出量应以当天能喂完为宜。一般育肥牛每头每日可食 10～15 千克，犊牛可食 5～7 千克。每次取料后必须立即将口封严，以免雨水浸入引起微贮饲料变质。优质微贮青玉米秸秆色泽呈橄榄绿，稻草、麦秸呈金黄褐色，具有醇香味和果香气味。并具有弱酸味。如拿到手里发黏或者黏在一起，则不能饲喂。

第五章 生态养殖肉牛标准化饲养与管理

第一节 肉牛无公害标准化饲养管理的原则

肉牛的无公害饲养管理应符合 NY 5127—2002 的要求。

1. 满足肉牛的营养需要

首先提供足够的粗料，满足瘤胃微生物的活动，然后根据不同类型或同一类型不同生理阶段牛的生产目的和经济效益配合日粮。日粮的配合应营养全价，原料种类多样化，适口性强，易消化，精、粗、青饲料合理搭配。刚产下的犊牛要使其及早吃足初乳，确保健康；吃乳犊牛可及早补喂植物性饲料，促进瘤胃功能发育，并加强犊牛对外界环境的适应能力；生长牛日粮以粗料为主，并根据生产目的和粗料品质合理配比精料；育肥牛则以高精料日粮为主进行育肥；繁殖母牛在妊娠后期应补充精饲料，以保证胎儿后期正常的生长发育。

2. 严格执行防疫、检疫及其他兽医卫生制度

定期消毒，保证清洁卫生的饲养环境，防止病原微生物的增加和蔓延；经常观察牛的精神状态、食欲、粪便等情况；及时防病、治病，适时计划免疫接种，制订科学的免疫程序。对断奶犊牛和育肥前的架子牛要及时驱虫保健，及时杀死体表寄生虫。要定期坚持进行牛体刷拭，保持牛体清洁，夏天注意防暑降温，冬天注意防寒保暖，定期进行称重和体尺测量，做好多项必要的记录，做到牛、卡相符。

3. 加强饮水，定期运动

要求水质无污染，冬季适当饮用温水，保证饮水充足。适当运动有利于牛的新陈代谢，促进消化，增强牛对外界环境急剧变化的适应能力，防止牛体质衰退和肢蹄病的发生。

第二节　繁殖母牛的饲养管理

养好繁殖母牛，提高牛群的繁殖成活率，保证母牛每年能够繁殖一头健壮的犊牛，这是提高整个肉牛业经济效益的关键一环。在母牛饲养管理中，人们把母牛产前1个月到产后70天称作母牛饲养的“关键100天”，母牛一年中的精饲料主要在这100天里喂，而且，这100天饲养管理的好坏，对母牛的妊娠、分娩、泌乳量、产后发情、配种受胎和犊牛初生重及断奶重、犊牛的健康和正常发育等都十分关键。

一、空怀母牛的饲养管理

主要围绕提高配怀率、受胎率，充分利用粗饲料，降低饲养成本而进行。繁殖母牛在配种前应具有中上等膘情，在日常饲养管理工作中，倘若喂给过多的精料而又运动不足，易使牛过肥，造成不发情，在肉用母牛的饲养管理中经常出现，必须加以注意。但在饲料缺乏、营养不全、母牛瘦弱的情况下，也会造成母牛不发情而影响繁殖。实践证明，如果母牛前一个泌乳期内被给予足够的平衡日粮，同时劳役较轻，管理周到，就能提高母牛的受胎率。瘦弱母牛配种前1～2个月加强饲养，适当补饲精料，也能提高受胎率。

母牛发情后应及时予以配种，防止漏配和失配。对初配母牛，应加强管理，防止野交早配。经产母牛产犊后3周要注意其发情情况，对发情不正常或不发情者，要及时采取措施。一般母牛产后1～3个情期（每个情期为21天），发情排卵比较正常，随着时间的推移，犊牛体重增大，消耗增多，如果不能及时补饲，往往母牛膘情下降，发情排卵受到影响。因此，产后多次错过发情期，受胎率会越来越低。如果出现此种情况，应及时进行直肠检查，摸清情况，慎重处理。

母牛出现空怀，应根据不同情况加以处理。造成母牛空怀的原因，有先天性和后天性两个方面。先天性空怀一般是由于母牛生殖器官发育异常，如子宫颈位置不正、阴道狭窄、异性孪生的母犊和两性畸形等。先天性空怀的情况较少，在育种工作中应注意淘汰那些携带隐性基因的牛。后天性空怀主要是由于营养缺乏、饲养管理及使役不当及生殖器官疾病所致。

成年母牛因饲养管理不当造成空怀，在恢复正常营养水平后大多能够自愈。在犊牛时期由于营养不良致使生长发育受阻，影响生殖器官正常发育而造成的空怀，则很难用饲养方法补救。若育成母牛长期营养不足，往往导致初情期推迟，初产时出现难产或死胎，并且影响以后的繁殖力。

运动和日光浴与增强牛群体质、提高牛的生殖功能有密切关系，牛舍内通风不良、空气污浊、夏季闷热、冬季寒冷、过度潮湿等恶劣环境极易危害牛体健康，敏感的个体会很快停止发情。因此，改善饲养管理条件十分重要。

二、妊娠母牛的饲养管理

主要是防止流产、保证胎儿的正常发育和安全分娩及产后的正常泌乳。

妊娠前期母牛对营养物质的需要并无明显增加，到了妊娠后期则增加显著。一般从妊娠第5个月开始就应加强营养，中等体重的妊娠母牛，除供应平常的日粮外，每天还需补加1.5千克精料；妊娠最后2个月，每天应补加2千克精料。但也要看粗饲料的品质好坏，如果在青草季节，有充足的青草可以采食，补充精料量可以适当减少，甚至不喂精料。切记不能把妊娠母牛喂得过肥，以免影响分娩。

在妊娠母牛的日粮中，除应供应足够的能量和蛋白质外，还必须供应足够的维生素A，尤其在冬季和早春。缺乏维生素A会引起母牛流产和产后胎衣不下、犊牛生后虚弱等现象。冬季缺乏青绿饲料时，应补喂青贮饲料、胡萝卜或大麦芽。妊娠母牛日粮必须由品质良好的饲料组成，变质、霉败、冰冻的饲料不能喂，以防引起流感。妊娠后期不喂或少喂棉子饼、菜子饼和酒糟等。

在妊娠前期和中期，饲喂次数和一般牛一样，每昼夜3次。妊娠后期饲喂次数可增至每昼夜4次，每次喂量不可过多，以免压迫胸腔和腹腔。每天饮水3～4次，水温不应低于8～10℃，严禁饮过冷的水。妊娠母牛应注意“五不饮”：清晨不饮冷水，出汗不急饮，饥饿时不饮，带冰水不饮，脏水不饮。从分娩前10天开始停喂青贮饲料，日粮应由优质干草和少量精料组成。

母牛妊娠后即应专槽饲养，以避免与其他牛抢槽、抵撞，造成流产。圈舍应保持清洁干燥，应经常刷拭牛体，保持卫生。要进行适当运动，最好每天牵遛1～2小时。整天将牛拴在槽上或场院里会使妊娠母牛得不到适当活动，容易发生妊娠浮肿、全身肌肉松弛、分娩时努责无力或产后胎衣不下。

三、泌乳母牛的饲养管理

包括分娩前后的饲养管理和泌乳期的饲养管理。

1.分娩前后护理

临近产期的母牛应停止放牧，给予营养丰富、品质优良、易于消化的饲料。产前半个月，最好将母牛移入产房，由专人饲养和看护，出现临产征兆时要估计分娩时间，准备接产工作。母牛分娩前乳房发育迅速，体积增大，腺体充实，乳头膨胀；阴唇在分娩前1周开始逐渐松软、肿大、充血，阴唇表面皱纹逐渐展平，分娩前1～2周，骨盆韧带开始软化，分娩前1～2天，阴门有透明黏液流出；产前12～36小时，荐坐韧带后缘变得非常松软，尾根两侧凹陷；临产前母牛表现不安，常回顾腹部，后躯摇摆，排粪尿次数增多，每次排出量少，食欲降低或废绝。上述临产征兆是母牛分娩前的一般表现，由于饲养管理、品种、胎次和个体之间的差异，表现往往不完全一致，必须根据具体情况，全面观察，综合分析，才能做出正确判断。

在正常的分娩过程中，母牛可以自然地将胎儿产出，不需要过多的人为帮助。但是对于初产母牛、倒生或分娩过程较长的牛，要进行助产，以缩短其分娩过程，保障母牛和犊牛的安全。

分娩使母牛体内损失大量的水分，分娩后应立即给母牛饮喂温麸皮汤。一般用温水10升，加麸皮0.5千克、食盐50克，搅匀后喂给，有条件的加250克红糖效果更好。母牛产后易发生胎衣不下、食滞、乳房炎和产褥热等，要经常观察，发现病情及时治疗。

2.泌乳期的饲养管理

泌乳母牛的采食量和营养需要量在母牛各个生理阶段中最高也最关键。热量需要量增加50%，蛋白质需要量加倍，钙、磷需要量增加3倍，也需要大量的维生素A和维生素D。母牛日粮中如果缺乏这些物质，易引起犊牛生长停滞、下痢、肺炎或佝偻病等，严重时还可损害母牛健康。为了使母牛获得充足的营养，应给以品质优良的干草和青草，豆科牧草是母牛蛋白质和钙的良好来源。为了使母牛获得足量的维生素A，可多喂给青绿饲料，冬季可加喂青贮饲料、胡萝卜和大麦芽等。

母牛分娩后的最初几天，体力尚未恢复，消化机能很弱，必须喂给容易消化的日粮，粗料应以优质干草为主，精料最好用小麦麸，每天250～500克，逐渐增加，并加喂其他饲料，3～4天后可转为正常日粮。母牛产后恶露排净之前，不可喂给过多的精料，以免影响生殖器官的复原和产后发情。母牛从产后15天即可开始使役，先干轻活，逐渐增加使役强度，但还要根据母牛的具体情况而定。一般母牛在产后30天可进入正常使役，但为了保证乳汁的正常分泌，使役一般不可过重。

第三节 犊牛的饲养管理

包括初生犊牛的护理、犊牛的饲养管理和犊牛的早期断奶。

一、初生犊牛的护理

1.清除口鼻及躯体上的黏液

犊牛出生后，首先清除口鼻内的黏液，犊牛已吸入黏液而造成呼吸困难时，可拍打犊牛胸部，或握住犊牛的两后肢将其提起，使其头部向下，拍打其胸部，使之排出黏液而开始呼吸。犊牛躯体上的黏液，如母牛正常产犊，母牛会立即舔食而无须进行擦拭，这样有助于犊牛呼吸并加强血液循环。由于母牛唾液中酶的作用，容易将黏液清除干净，而且溶菌酶有消毒作用，可以预防疾病。黏液中含有催产素，母牛舔食可以促其子宫收缩，排出胎衣，加强乳腺分泌活动，提高母性能力，这就是所谓的“舔犊情深”。一些初产母牛不知道舔食犊牛身上黏液，可在犊牛身上撒些麸皮，诱使其学会舔食。

2.脐带处理

犊牛出生时往往自然地扯断脐带。无论扯断与否，都需在距犊牛脐部10～12厘米处用消毒剪刀剪断，并挤出脐中的黏液，再用5%的碘酊充分消毒，以免发生脐炎。保持犊牛卧处的清洁、干燥。

脐带在生后1周左右干燥脱落，当长时间不干燥并有炎症时，可断定为脐炎，应请兽医治疗。脐带不干燥的原因除被感染外，有时脐部漏出尿液，也可使脐部经常湿润不干。因为胎儿时期的尿管细，在脐带断裂时，没有与脐动脉一块退缩到腹腔内，而附着在脐部，因而经常有尿液漏出。一般情况下，几周后可以自愈，个别情况需要外科处理。

3.称重、登记

做好上述各项处理后，在犊牛吃上奶之前，应称量初生重，并做好记录，登记犊牛的父母号、毛色和性别。留作种用的犊牛，称重应按育种和实际生产的需要进行，一般在初生、6月龄、周岁、第一次配种前都应称重。在犊牛称重的同时，还应进行编号，并记录于档案之中，以便于管理，利于育种工作的进行。养牛数量少时，可以从牛的毛色和外形区分，但数量多时则很难区分。给牛编号最常用的方法是按牛的出生年、分场号和该牛出生的顺序号等。习惯头两个号码为出生年，第三位代表分场号，最后为顺序号，例如 981103 表示 1998 年出生 1 分场顺序 103 号牛。有些在数码之前还列字母代号，表示性别、品种等。

4.尽早吸吮初乳

犊牛出生后要尽快让其吃上初乳。初乳是母牛产犊后 5～7 天内所分泌的乳汁，其色深黄、质黏稠，成分和 7 天后所产的常乳差别很大，尤其是第一次初乳最重要，第一次初乳所含的干物质量是常乳的 2 倍，其中维生素 A 是常乳的 8 倍，蛋白质是常乳的 3 倍。这些营养物质是初生犊牛正常生长发育必不可少的，并且其他食物难以取代。因为初乳中含有大量的免疫球蛋白，具有抑制和杀死多种病原微生物的功能，可使犊牛获得免疫；而初生犊牛的肠黏膜又能直接吸收这些免疫球蛋白，这种特性随着时间的推移而迅速减弱，约在犊牛生后 36 小时消失。其次，初乳中含有丰富的盐类，其中镁盐比常乳高 1 倍，使初乳具有轻泻性，犊牛吃进充足的初乳，有利于排出胎便。另外，初乳酸度高，在犊牛的消化道中能抑制肠胃有害微生物的活动。

初乳所含营养物质随母牛生犊牛后时间的推移而逐渐下降。因此，为使犊牛能获得较多的营养和发挥初乳的特殊功能，不仅要让犊牛吃到初乳而且要尽早吃到初乳。生后 10～15 小时，如仍然吃不到初乳，犊牛将失去吸吮初乳的机会。吃不到初乳的犊牛死亡率甚高，一般在生后 0.5～1 小时内就应喂给初乳。通常在第一次饲喂大型品种的健康犊牛时，初乳的喂量是 2 千克，体弱者 0.75～1 千克，切记第一次不能给予过多的初乳，以防消化机能紊乱。以后几天每天可按称体重的 1/5～1/4 计算初乳的喂量，每日将喂量分为 3～4 等份，分 3～4 次喂。初乳挤出后，要及时饲喂，不宜久放。奶温应保持在 35～38℃，如奶温过低，可将奶壶放在热水中隔水加热到 38℃左右再喂。奶温过低，易引起犊牛胃肠道疾病；奶温过高，则会损伤犊牛口腔和胃黏膜。

二、犊牛的饲养管理

肉用犊牛的饲养管理一般采用自然哺乳。如果母牛是放牧饲养，犊牛也跟随母牛一起放牧。回舍后，为避免挤踏伤害犊牛，应把犊牛单独关在犊牛栏内，每隔 4～6 小时放出哺乳 1 次。舍饲期间，母牛与犊牛也应分栏饲养（图 5-1，彩图），每隔 4～6 小时哺乳一次。5 日龄开始补喂优质干草、青草，20～30 日龄开始补喂精料，到 3 月龄，每头每天可吃精料 0.5 千克。肉用母牛产后 40 天左右为泌乳旺期，如果母牛的日泌乳量超过 10 千克，则犊牛往往吃不完，如不及时采取措施，容易引起犊牛消化道疾病和母牛乳房炎，这些措施包括寄养其他犊牛、人工挤乳或调整母牛日粮、适当降低饲喂标准等方法。

图 5-1 舍饲期间母牛和犊牛分栏饲养

自然哺乳的犊牛，其生长发育的好坏与母牛泌乳量有直接关系。如果母牛泌乳量不足，不能满足犊牛的营养需要，则犊牛的生长发育将受到影响，特别是出生早期，犊牛还不能吃其他饲料，只靠母乳维持营养，泌乳量不足将影响犊牛的生长发育。因此，必须经常观察母牛的泌乳情况，注意调整母牛的日粮水平，保证其分泌足够的乳量哺喂犊牛，并随时观察犊牛的食欲。杂一代犊牛的问题相当普遍，应当从多方面加以解决。如在杂交过程中引入产乳量较高肉用品种或肉乳兼用品种，改善母牛妊娠后期和哺乳期的饲养管理条件，补喂蛋白质饲料、青饲料或青贮料等。

肉牛犊牛也有采用保姆牛来哺乳的，一头低产的乳用母牛或西门塔尔杂种母牛，日产奶 12～16 千克，可同时补喂 2～3 头肉用犊牛或供育肥用的奶用犊牛。但必须对母牛和犊牛进行调教训练。保姆牛哺育的犊牛，开始补草补料的时间和方法与上述相同，哺乳期一般 6 个月。犊牛栏应每天清扫，保持清洁干燥，垫草要勤换勤添。

三、犊牛的早期断奶

犊牛一般在 5～6 月龄断奶。早期断奶指在出生后 35 天内断奶。早期断奶的优点是：使犊牛快速进入肥育牛场；缩短母牛的配种间隔；减少母牛的营养需要量，使母牛利用更多的粗饲料；延长纯种母牛的使用寿命；早期断奶犊牛的肉料比高。肉用犊牛早期断奶的原则：在 35 日龄内断奶；喂给犊牛蛋白质、能量、维生素、微量元素含量平衡且适口性好的日粮；在断奶前2～3周给犊牛试喂开食料；给犊牛注射维生素A和维生素D。

早期断奶的年龄以35日龄最好，其优点是犊牛容易饲喂，母牛容易恢复并且可确保母牛每年繁殖1头犊牛。在犊牛生后1周改喂常奶的同时，开始训练犊牛采食代乳料。代乳料必须含有20%以上粗蛋白、7.5%～12.5%脂肪和72%～75%干物质。为促进犊牛的生长发育、增强瘤胃的消化功能，可适当提早训练犊牛吃植物性饲料（包括青草、青干草及混合精料）。犊牛的断奶时间应视犊牛的生长发育情况而定，一般犊牛每天能吃1千克左右的犊牛料时便可断奶。为了培育体质健壮而又适于集约化管理的幼牛，犊牛断奶后最好进行放牧管理，以保证幼牛采食到新鲜可口、营养丰富的豆科、禾本科牧草，而且充足的运动和光照可促进其生长发育。冬季没有放牧条件时要适当补饲，并驱赶其在草场或运动场上锻炼四肢，防止蹄病。刚断奶的小牛对外界的适应能力较弱，体温调节的功能也差，容易受各种疾病的侵袭，必须加强护理。要求牛舍清洁干燥、通风良好，用具要卫生。冬季栏内要多铺垫草，采取有效的防风保温措施，防止因栏内潮湿、天气骤变或冷风吹入引起幼牛感冒甚至肺炎。

第六章 生态养殖肉牛场的防疫工作

肉牛规模养殖场和一般小专业户、散户不一样，它带有集约化、饲养密集化和要求饲养管理条件高的特点。故必须加强防疫工作和环境管理，否则将有较大风险。

第一节 肉牛场卫生防疫的基本原则

1.设置兽医室

肉牛场必须有1～2名具有丰富兽医防疫和临床经验、具备中等兽医专业学校学历的兽医师，主持全场的综合兽医卫生防疫工作和兽医室工作，兽医室应具有必要的防疫消毒和临床治疗设备，配备必要的化验室。只有这样，才能为做好兽医卫生工作打下基础。

2.坚持“预防为主”的防疫方针

搞好肉牛的饲养管理、防疫卫生、预防接种、检疫、隔离、消毒等综合性防疫措施，以提高肉牛的健康水平和抗病能力，控制和杜绝肉牛传染病的传播蔓延，降低发病率和死亡率。在肉牛场，兽医工作的重点应放在群发病的预防方面。

3.严格执行兽医法规

《中华人民共和国牛防疫法》和《中华人民共和国进出境动植物检疫法》是我国目前执行的主要兽医法规，肉牛场防疫工作应纳入法制范围。

第二节 防疫工作的基本内容

肉牛传染病的流行是由传染源、传播途径和易感牛群三个因素相互联系而成的复杂过程。在采取防疫措施时，要根据每种传染病各个不同的流行环节，分清轻重缓急，找出重点措施，以达到在较短时间内，以最少的人力、物力控制传染病流行的目的。肉牛场的防疫，实践证明，只进行一项单独的防疫措施是不够的，必须采取包括“养、防、检、治”四个基本环节的综合性措施。综合性防治措施分为平时的预防措施和发生疫病时的扑灭措施两项内容，现分别简述如下。

1.平时的预防措施

为保证牛群的健康，必须建立科学的饲养管理制度和严格的防疫措施，贯彻“预防为主，防重于治”的方针。平时的防疫措施应注意以下几点。

① 饲料品质良好，无霉烂变质。

② 饲养管理制度规范。

③ 厩舍清洁、卫生（图6-1，彩图）、干燥，定期进行消毒，春夏季初秋每周消毒一次，冬季每月消毒一次，厩舍清扫干净后用1%～2%氢氧化钠溶液或2%～4%福乐马林、3%～5%来苏尔消毒（图6-2，彩图）。

图6-1　保持牛舍清洁卫生

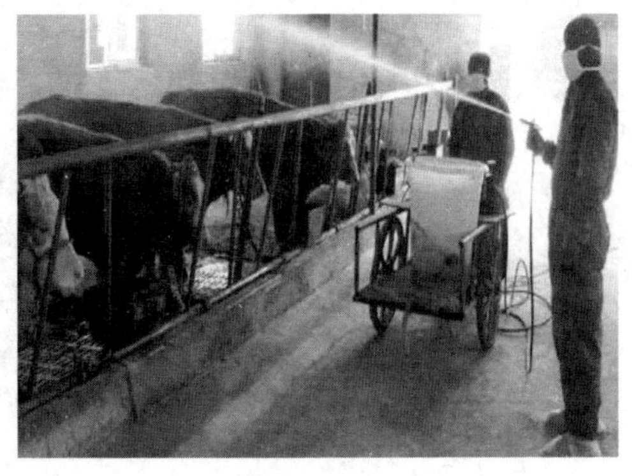

图6-2　牛舍消毒

④ 冬季保温，产房最好5℃以上；夏季防高温，气温30℃以上时应搭凉棚或向牛体洒水。

⑤ 应对乳腺炎、繁殖器官疾病等常见多发病进行必要的监控。

⑥ 定期驱虫和对体内外寄生虫制定预防措施。

⑦ 严格执行定期防疫接种和检疫计划，如炭疽芽孢菌应每年注射1次，布氏杆菌检疫和预防接种。

⑧ 定期杀虫灭鼠。

⑨ 场门口设置消毒池，严格执行日常防疫卫生措施。

⑩ 粪便无公害化处理。

2. 肉牛暴发疫病时的扑灭措施

及时发现、诊断和上报疫情并通知邻近单位做好预防工作；迅速隔离病牛，污染的地方进行紧急消毒；若发生危害性人的疫病如口蹄疫、炭疽等，应采取封锁等综合性措施；实行疫苗紧急接种，对病牛进行及时和合理的治疗；死畜和淘汰病牛要合理处理。

第七章 架子牛的快速育肥方法

第一节　架子牛育肥的影响因素

肉牛育肥需要的营养物质中需要量最大的是能量，扣除购买架子牛的费用，饲料费用占肉牛育肥费用的75%左右，饲料包括精饲料、干草、青贮和各种农副产品。影响架子牛育肥的因素很多，主要包括年龄、体重、性别、品种等。

1.年龄和体重

育肥前的肉牛按年龄可以划分为断奶牛、1岁牛和2岁牛。

（1）年龄对增重速度的影响　如果犊牛断奶后一直饲喂营养水平较高的饲料，第一年的日增重最高，之后每年的日增重都要下降。而营养条件不好、体瘦但是健康的2岁牛育肥时，增重速度比1岁牛快，1岁牛又比犊牛生长快。

（2）年龄对出栏时间的影响　犊牛一直到出栏都能保持较高的生长速度，因此当市场价格低时，可以再喂一段时间，等待有利的价格。1岁牛或者2岁牛则不行，因为它们只在特定的育肥阶段生长速度较快，超过这个阶段再继续饲养，生长速度就明显减慢，利润反而大幅度下降。

（3）年龄对饲料利用率的影响　犊牛的饲料利用效率最高，1岁牛居中，2岁牛的饲料利用率最低。

（4）年龄对育肥周期的影响　犊牛的育肥时间比1岁牛或2岁牛长。犊牛育肥时间长的原因是开始育肥时体重小和日增重低。

（5）育肥期总增重　犊牛完成育肥期需要的总增重高于1岁牛，1岁牛高于2岁牛。

（6）饲料总消耗量　不同年龄肉牛完成育肥消耗的总饲料量基本相同。

2.架子牛的性别

公牛的生长速度和饲料利用效率高于阉牛，阉牛高于母牛。

公牛的生长速度和饲料利用率比母牛或阉牛高10%～15%。饲喂公牛应该注意以下几点。

① 公牛育肥可以从断奶后立即开始，直线育肥到500千克。

② 公牛生长速度快，因此应当用高能量日粮。

③ 公牛最好在16月龄前育肥完毕。

④ 公牛育肥最好成批进行，育肥过程中不要向同一个牛舍增加新牛，否则易引起决斗和爬跨，降低生长速度。

3.肉牛的品种

（1）杂种肉牛　生长速度和饲料利用效率的杂种优势为4%～10%，因此杂种架子牛的育肥效果最好。

（2）奶肉牛　指对奶公犊、淘汰母牛进行育肥。这种育肥的优点如下。

① 生长潜力大：荷斯坦牛出生重大，成年体重也大，可达到637千克，高于肉牛品种，因此产肉的潜力很大。

② 经济效益高：荷斯坦牛从136千克直线育肥到450千克，饲料利用效率最高，肌肉大理石纹最理想，皮下脂肪最少，牛肉等级最高。

③ 利用粗饲料的能力最强：即使用高比例粗料育肥，也可以获得很高的效益。方法是先用粗饲料饲养到350千克，然后增加精料喂量至500千克。

第二节　架子牛育肥注意事项

1.严格选购架子牛

架子牛大多来自草原和农户散养的、未经育肥的牛，集中在育肥场快速育肥。架子牛按年龄分为犊牛、1岁牛、2岁牛、3岁牛。也可以按购买时的体重来划分。选购架子牛时，要以杂交牛品种为主，如西门塔尔、夏洛莱、海福特或利木赞等纯种牛与本地牛的杂交后代。与当地牛相比，杂种牛的生长速度和饲料利用率要高4%以上。最好选择年龄为2～5岁、体重318～363千克、架子大但是较瘦的牛，这种牛采食量大，日增重高，饲养期短，育肥效果好，资金周转快。

2.加强运输管理，减少掉膘和死亡

在架子牛的运输过程中，冬天要注意保温，夏天注意遮阳，做到勤填料和饮水，运输前要给点儿盐，使其多喝水。运输过程中，勤观察牛的精神状态，要有兽医跟随。

3. 加强新到架子牛的管理

（1）管理

① 新到架子牛应在干净、干燥的地方休息。

② 新到架子牛运输前可以注射维生素 A、维生素 D、维生素 E 和土霉素各 1 克。

③ 提供清洁的饮水。

④ 提供适口性好的饲料。

（2）饲料

① 粗饲料：对新架子牛，最好的粗饲料是长干草，其次是玉米青贮和高粱青贮。千万不能饲喂优质苜蓿干草或苜蓿青贮等豆科牧草，否则容易引起运输热。

② 精饲料：对新到的架子牛，每天每头可喂 2 千克精饲料，同时加入 350 毫克抗生素和 350 毫克磺胺类药物，以消除运输热，新得到的架了牛在前 28 天内不能饲喂尿素。每天每头牛饲喂 1 千克的能量饲料或者甜菜渣。

③ 无机盐：新到的架子牛一般缺乏无机盐，最好用 2 份磷酸氢钙加 1 份盐让牛自由采食。

④ 维生素：新到的架子牛每天每头补充 5000 国际单位维生素 A、100 国际单位维生素 E。

4. 科学使用饲料配方预防疾病，加强饲养管理

目前架子牛育肥还没有充分利用配方饲料和添加剂等新的科学技术，饲料浪费多，牛容易生病，经济效益降低。如果我们从体重、年龄、品种上考虑其营养需要的话，每头架子牛每天可以节约饲料费用 0.2 元。

5. 及时出栏或屠宰

肉牛超过 500 千克后，其生长利润与饲养成本即将持平，也就是说，再饲养下去的话就要赔本了。

第三节　架子牛的快速育肥技术

一般架子牛育肥需要 120 天左右，可以分为三个阶段：①过渡驱虫期约 15 天；②第 16～第 60 天；③第 61～第 120 天。

1. 过渡驱虫期

此期约 15 天。对刚新购进的架子牛，一定要驱虫，包括驱除体内外寄生虫。实施过渡阶段饲养，即首先要让刚进场的牛自由采食粗饲料，粗饲料不要过短，长约 5 厘米。上槽后仍然以粗饲料为主，每天控制喂 0.5 千克的精料，与粗饲料拌匀后饲喂，以后精料逐渐增加至 2 千克。同时可以用药物驱虫，如阿福丁、伊维菌素等药物，按说明根据体重计算药量。

2. 16～60 天育肥期

此期架子牛的干物质采食量要逐步达到 8 千克，日粮蛋白水平为 11%，精粗比为 6∶4，日增重 1.3 千克左右。精料配方为：70%玉米粉、20%麻饼、10%麸皮。每头牛每天 20 克盐，50 克添加剂。自由饮水。

3. 61～120 天育肥期

此期干物质采食量达到 10 千克，日粮粗蛋白水平为 10%，精粗比为 7∶3，日增重为 1.5 千克左右，精料配方为：85%玉米粉、10%麻饼、5%麸皮、30 克盐，50 克添加剂。自由饮水。

第四节　冬季快速育肥技术

牛有抵抗寒冷的能力，这要消耗自身能量来产生热量。对于育肥牛来说，要提供一些有利因素来达到提高肉牛增重速度的目的。冬季育肥牛必须要注意挡风、保温，尽量减小湿度，保持牛床及运动场的干燥、防滑，让牛少活动、多晒太阳，多刷拭牛体。合理配制日粮，提高能量，适当增加玉米面在日粮中的比例（5%），保证肉牛维生素和微量元素的供应与平衡，增强肉牛的免疫力，减少疾病的发生。每日早、晚 6 时及晚 10 时各加一次干草。精料用少量水拌湿，要防止饲喂冰冻的饲料。定时饮水，有条件的地方要用温水饮牛。先喂后饮。深井水的温度约 10℃，可以随时抽水随时饮。100～200 天时出栏肉牛供生产与快速育肥，减少饲料消耗。

第二讲 牛 病

本讲知识要点

- 牛传染性疾病发生、流行过程与防疫措施。
- 牛的传染病。
- 牛的寄生虫病。
- 牛的普通病。

牛生疾病是牛体在致病因素作用下发生损伤与抗损伤的斗争过程，在此过程中机体表现一系列功能代谢和形态的变化，这些变化使机体内外环境之间的相对平衡状态发生紊乱，从而出现一系列的症状与体征，并造成牛的生产能力下降及经济价值降低。

牛病主要包括牛传染性疾病、牛寄生虫病和牛普通病。危害养牛业比较严重的主要是传染性疾病。目前危害养牛业最严重的有口蹄疫（五号病）、布氏杆菌病、寄生虫病等。

第八章 牛传染病的概论

第一节 牛传染病发生的一般特征

一、传染和传染病的概念

病原体从有病的机体侵入健康机体，并且在病原体侵入机体后，在一定条件下它们会克服机体的防御功能，破坏机体内环境的相对稳定性，在一定部位生长繁殖，引起不同程度的病理过程，这个过程称为传染。病原微生物在其物种进化过程中形成了以某些牛的机体作为生长繁殖的场所，营寄生生活，并不断侵入新的寄生机体，形成不断传播的特性。这样其物种才能保持下来，否则就会被消灭。而牛为了自卫形成了各种防御机能以对抗病原微生物的侵犯。在传染过程中，病原微生物和牛体之间的这种斗争，根据双方力量的对比和相互作用的条件不同而表现出不同的形式。

当病原微生物具有相当的毒力和数量，而机体的抵抗力相对比较弱时，在临床上出现一定的症状，这一过程就称为显性传染。如果侵入的病原微生物定居在某一部位，虽能进行一定程度的生长繁殖，但牛不呈现任何症状，亦即牛与病原体之间的斗争处于暂时的、相对的平衡状态，这种状态称为隐性传染，处于这种情况下的牛称为带菌者。健康带菌是隐性感染的结果，但隐性感染是否造成带菌现象需视具体情况而定。

病原微生物进入牛体不一定引起传染过程。在多数情况下，牛体的身体条件不适合于侵入的病原微生物生长繁殖，或牛体能迅速动员防御力量将该病原消灭，从而不出现可见的病毒理变化和临床症状，这种状态就称为抗传染免疫。换句话说，抗传染免疫就是机体对病原微生物的不同程度的抵抗力。牛对某一病原微生物没有免疫力（亦即没有抵抗力）称为有易感性。病原微生物只有侵入有易感性的机体才能引起传染。

综上所述，传染、传染病、隐性传染和抗传染免疫虽然彼此有区分，但又是互相联系的，并能在一定条件下相互转化。传染和抗传染免疫是病原微生物和机体斗争过程的两种截然不同的表现。但它们并不是互相孤立的，传染过程必然伴随着相应的免疫反应，二者互相交叉、互相渗透、互相制约，并随着病原微生物和机体双方力量对比的变化而相互转化，这就是决定传染发生、发展和结局的内在因素。了解传染和免疫的发生、发展的内在规律，掌握其转化的条件，对于控制和消灭传染病具有重大意义。

凡是由病原微生物引起、具有一定的潜伏期和临床表现并具有传染性的疾病，称为传染病。传染病的表现虽然多种多样，但亦具有一些共同特性，根据这些特性可与其他病相区别。

① 传染病是由病原微生物与机体相互作用所引起的。每一种传染病都有其特异的致病性微生物存在。

② 传染病具有传染性和流行性：从传染病牛体内排出的病原微生物，侵入另一有易感性的健畜体内，能引起同样症状的疾病。像这样使疾病从病牛传染给健畜的现象，就是传染病与非传染病区别的一个重要特征。当条件适宜时，在一定时间内，某一地区易感牛群中可能有许多牛被感染，致使传染病蔓延散播，形成流行。

③ 被感染的机体发生特异性反应：在传染过程中由于病原刺激作用，机体发生免疫生物学的改变，产生特异性抗体和变态反应等。这种改变可以用血清学方法等特异性反应检查出来。

④ 耐过牛能获得特异性免疫：牛耐过传染病后，在大多数情况下能产生特异性免疫，使机体在一定时期内或终生不再感染该种传染病。

⑤ 具有特征性的临床表现：大多数传染病都具有该种病特征性的综合症状和一定的潜伏期和病程经过。

二、传染的类型

病原微生物的侵犯与牛机体抵抗侵犯的矛盾是错综复杂的，是受到多方面的因素影响的，因此传染过程可表现出各种形式或类型。

下面对各种传染类型作简要说明。

（1）外源性和内源性传染　病原微生物从牛体外侵入机体引起的传染过程，称为外源性传染，大多数传染病属于这一类。如果病原体是寄生在牛机体的条件性病原微生物，在机体免疫力正常的情况下，它并不表现其病原性。但当受不良因素影响，致使牛机体的抵抗力减弱时，可引起病原微生物活化，毒力增强，大量繁殖，最后引起机体发病，这就是内源性传染。

（2）单纯传染、混合传染和继发感染　由一种病原微生物所引起的传染，称为单纯传染或单一传染，大多数传染过程都是由单一病原微生物引起的。由两种以上的病原微生物同时参与的传染，称为混合传染，如牛可同时患结核病和布氏杆菌病等。牛感染了一种病原微生物之后，在机体抵抗力减弱的情况下，又由新侵入的或原来存在于体内的另一种病原微生物引起的传染，称为继发性传染。混合传染和继发性传染的疾病都表现得比较严重而复杂，给诊断和防治增加了困难。

（3）显性传染和隐性传染，顿挫型和消散型传染　表现出该病所特有的明显的临床症状的传染过程为显性传染。在感染后不呈现任何临床症状而呈隐蔽经过的称为隐性传染。隐性传染的病牛称为亚临床型，有些病牛虽然外表看不到症状，但体内可呈现一定的病理变化；有些隐性传染病牛则不表现症状，又无肉眼可见的病理变化。但它们能排出病原体散播传染，一般只能用微生物学和血清学方法才能检查出来。这些隐性传染的病牛在机体抵抗力降低时能转化为显性传染。开始症状较轻，特征症状未见出现即行恢复者称为消散型（或一过型）传染。开始时症状表现较重，与急性病例相似，但特征性症状尚未出现即迅速消退恢复健康者，称为顿挫型传染。这是一种病程缩短而没有表现该病主要症状的轻病例，常见于疾病的流行后期。还有一种临床表现比较轻缓的类型，一般称为温和型。

（4）局部传染和全身传染　由于牛机体的抵抗力较强，而侵入的病原微生物被局限在一定部位生长繁殖，并引起一定病变的称局部传染，如化脓性葡萄球菌、链球菌等所引起的各种化脓创。但是，即使在局部传染中，牛机体仍然作为一个整体，其全部防御功能都参加到与病原体的斗争中去。如果牛机体抵抗力较弱，病原微生物冲破了机体的各种防御屏障侵入血液向全身扩散，则发生严重的全身传染。这种传染的全身化，其表现形式主要有菌血型、病毒血型、毒血症、脓毒症和脓毒败血症等。

（5）典型传染和非典型传染　两者均属显性传染。在传染过程中表现出该病的特征性（有代表性）临床症状者，称为典型传染。而非典型传染则表现或轻或重，与典型症状不同。如典型马腺疫具有颌下淋巴结脓肿等特征症状，而非典型马腺疫轻者仅有鼻黏膜卡他，严重者可在胸腹腔内器官出现转移性脓肿。

（6）良性传染和恶性传染 一般常以病牛的死亡率作为判定传染病严重性的主要指标。如果该病并不引起病牛的大批死亡，可称为良性传染。相反，如能引起大批死亡的，则可称为恶性传染。例如发生良性口蹄疫时，牛群的死亡率一般不超过2%，如为恶性口蹄疫，则死亡率可大大超过此数。机体抵抗力减弱和病原体毒力增强等都是传染病发生恶性病程的原因。

（7）最急性、急性、亚急性和慢性传染 最急性传染病病程短促，常在数小时或一天内突然死亡，症状和病变不显著，发生牛炭疽、巴氏杆菌病等病时，有时可以遇到这种病型，常见于疾病的流行初期。急性传染病程较短，自几天至二三周不等，并伴有明显的典型症状，如急性炭疽、口蹄疫、牛瘟等，主要表现为这种病程。亚急性传染病的临床表现不如急性那么显著，病程稍长，与急性相比是一种比较缓和的类型，慢性传染病病程缓慢，常在1个月以上，临床症状常不明显或甚至不表现出来，如结核病、布氏杆菌病等。

传染病的病程长短决定于机体的抵抗力和病原体的致病因素，同一种传染病的病程并不是固定不变的，一个类型可转变为另一个类型。例如急性或亚急性传染病可转变成慢性经过。反之，慢性传染病在病势恶化时亦可转为急性经过。

三、传染病的发展阶段

传染病的发展过程在大多数情况下可以分为潜伏期、前驱期、明显（发病）期和转归期四个阶段。现分述如下。

（1）潜伏期 由病原体侵入机体并进行繁殖时起，直到疾病的临床症状开始出现为止，这段时间称为潜伏期。不同的传染病其潜伏期的长短常常是不相同的，就是同一种传染病的潜伏期长短也有很大的变动范围。这是由于不同的动物种属、品种或个体的易感性是不一致的，病原体的种类、数量、毒力和侵入途径、部位等情况也有所不同而出现的差异，但相对来说还是有一定的规律性。例如炭疽的潜伏期为1～14天，多数为2～3天。一般来说，急性传染病的潜伏期差异范围较小；慢性传染病以及症状不很显著的传染病其潜伏期差异较大，常不规则。同一种传染病潜伏期短促时，疾病经过常较严重；反之，潜伏期延长时，病程亦常较轻缓。从流行病学的观点看来，处于潜伏期中的牛之所以值得我们注意，主要是因为它们可能是造成疾病传染的原因。

（2）前驱期 是疾病的征兆阶段，其特点是临床症状开始表现出来，但该病的特征性症状仍不明显。从多数传染病来说，这个时期可表现出一般的症状，如体温升高、食欲减退、精神异常等。各种传染病和各个病例的前驱期长短不一，通常是数小时至一两天。

(3) 明显（发病）期　前驱期之后，特征性症状逐步明显地表现出来，这一期是疾病发展到高峰的阶段。这个阶段因为很多有代表性的特征性症状相继出现，在诊断上比较容易识别。

(4) 转归期　病原体和牛体这一对矛盾，在传染过程中依据一定条件，各向着其相反的方面转化。如果病原体的致病性能减弱，则机体便逐步恢复健康，表现为临床症状逐渐消退，体内的病理变化逐渐减弱，正常的生理功能逐步恢复。机体在一定时期保留免疫学特征。在病后的一定时间内还有带菌（毒）、排菌（毒）现象存在，但最终病原体可被清除。

第二节　牛传染病的流行过程

一、概念

牛传染病的流行病学是一门预防医学，主要内容是研究传染病在牛群中发生和发展的规律，以达到预防和消灭牛群中传染病的目的。牛传染病的一个基本特征是能在牛之间直接接触传染或间接地通过媒介物（生物或非生物的传播媒介）互相传染，构成流行。牛传染病的流行过程就是从牛个体感染发病发展到牛群体发病的过程，也就是传染病的传染源排出，病原体在外界环境中停留，经过一定的传染途径，侵入新的易感牛而形成了新的传染。如此连续不断地发生、发展就形成了流行过程。传染病在牛群中的传播必须具备传染源、传播途径和易感牛群三个基本环节，倘若缺少任何一个环节，新的传染就不可能发生，也不可能构成传染病在牛群中的流行。同样的，当流行已形成时，若切断任何一个环节，流行即告终止。因此，了解传染病流行过程的特点，从中找出规律性的东西，以便采取相应的方法和措施，来杜绝或中断流行过程的发生和发展，是兽医工作者的重要任务之一。

二、流行过程的三个基本环节

（一）传染源

传染源（亦称传染来源）是指某种传染病的病原体在其中寄居、生长、繁殖，并能排出体外的牛机体。具体说传染源就是受感染的牛，包括传染病病牛和带菌（毒）牛。

牛传染病的病原微生物也和其他的生物种属一样，它们的生存需要一定的环境条件。病原微生物在其形成过程中对于某种牛机体产生了适应性，即这些牛机体对其有了易感性。有易感性的牛机体相对而言是病原体生存最适宜的环境条件，因此病原体在受感染的牛体内不但能栖居繁殖，而且还能持续排出。至于被病原体污染的外界环境因素（畜舍、饲料、水源、空气、土壤等），由于缺乏恒定的温度、湿度、酸碱度和营养物质，加上自然界很多物理、化学、生物因素的杀菌作用等，不适于病原体较长期的生存、繁殖，亦不能持续排出病原体，因此都不能认为是传染源，而应称为传播媒介。

牛受感染后，可以表现为患病和带菌两种状态，因此传染源一般可分为两种类型。

1.患病牛

病牛是重要的传染源。不同病期的病牛，其传染性大小也不同。病牛排出病原体的整个时期称为传染期。传染期的长短，在各种传染病不同。了解并掌握各种传染病的传染期是决定病牛隔离期限的重要依据，在防疫措施中极为重要。患病牛按病程可分类如下。

（1）潜伏期病牛　在这一时期，大多数传染病的病原体数量还很少，此时一般不具备排出条件，因此不能起传染源的作用。但有少数传染病如狂犬病、口蹄疫等在潜伏期后期能够排出病原体，此时就有传染性了。

（2）临床症状明显期病牛　此期病牛的传染源作用最大，尤其是在急性过程或者病程转剧阶段可排出大量毒力强大的病原体，因此在疫病的传播方面重要性最大。某些传染病的顿挫型或非典型病例，由于症状轻微，不易发现，难以和健康牛区别而不被隔离，也是危险的传染源。

（3）恢复期病牛　此为机体的各种功能障碍逐渐恢复的时期，一般来说，这个时期的传染性已逐渐减小或已无传染性了。但还有不少传染病在临床痊愈的恢复期仍然能排出病原体，一般称为恢复期带菌现象。

2.带菌（包括带病毒）牛

它们是外表无临床症状的隐性感染牛，但体内有病原体存在，并能繁殖和排出病原体，因此往往不容易引起人们的注意。如果检疫不严，还可以随牛调运散播到其他地区，造成新的传播。根据带菌的性质不同，一般可分为恢复期带菌者和健康带菌者。带菌现象是传染的一种特殊形式，是机体抵抗力与病原体的致病力之间处于平衡的一种疾病暂时平衡状态。在传染病恢复期间，机体免疫力增强，虽然外表症状消失但病原体未被彻底清除。对于这种带菌者只要考查其过去病史即可查出。健康带菌者有时包括非本种牛，虽可以用微生物或免疫学方法来检查，但不易完全查明。

带菌者带菌的期限长短不一，一般急性传染病的带菌期在 3 个月以内；慢性传染病病程较长，因症状不明显，带菌与疾病的界限不清，为期可长达数月以至数年之久，更应引起注意。消灭带菌者和防止引入带菌者是传染病防治中艰巨的主要任务之一。

（二）传播过程和传播途径

1. 传播过程

病原体一般只有在被感染的牛体内才能获得最好的生存条件。但机体被病原体寄生后，或产生免疫或得病死亡，使病原体在某一机体内不能无限期地栖居繁殖下去，所以病原体只有在不断更换新宿主的条件下，才能保持种的延续。这种宿主机体间的交换，就是病原体的传播过程。这个过程由三个连续阶段所组成，即病原体从机体内排出、停留在外界环境中、再侵入另一新的机体。

各种传染病的病原体以一定方式，经过一定的部位而侵入机体的一定组织器官，这就是病原体的定位地点。决定了病原体的不同排出途径，也决定了其停留在不同的外界环境。决定其侵入新寄主的不同门户，影响了某些病原的定位。传播过程的这种特异性是病原体种的特征之一。例如：侵害呼吸系统的牛气喘病，病原体由病牛的呼吸道分泌物排出，随着咳嗽、喷嚏而散布至空气中。易感牛在吸入含有病原体的空气时，病原体从呼吸道侵入定位于呼吸器官中。又如在肠道中的沙门杆菌，从粪便中排出，进入土壤、饲料和饮水，从易感牛的口腔进入消化道定位。生殖系统传染病的病原体常通过交配时经生殖道黏膜传染。有些存在于血液内的病原体（如脑炎病毒等）往往依靠吸血的节肢动物作为媒介，而进入新宿主机体的部位（传染门户）也是多种多样的，牛不断接触周围环境，因此，皮肤、黏膜、消化道和泌尿生殖道等均可能成为传染门户。至于很多危害严重的全身性败血性传染病如牛瘟、炭疽、巴氏杆菌病等，病原体在体内的分布较广，可以通过多种途径排出体外，经由多种外界环境侵入不同的传染门户。

外界环境多不适于病原体的生存，排出机体外的大量病原体侵入新宿主的机体即趋于死亡。除某些能形成芽孢的细菌（如炭疽、破伤风等）以休眠状态的芽孢长期生存外，一般病原微生物在外界的生存期不过几天或几个月。除由于外界环境的干燥、阳光、机械损伤等有害作用和温度、酸碱度的不适外，自然界固有的腐生菌对病原菌的拮抗和破坏也起了很大的作用。外界环境对病原微生物的破坏作用称为自然界的自净作用。

2.传播途径

病原体由传染源排出后，经一定的方式再侵入其他易感牛所经的途径称为传播途径。研究传染病传播途径的目的在于切断病原体继续传播的途径，防止易感牛受传染，这是防治牛传染病的重要环节之一。

（1）在传播方式上有直接接触和间接接触传播两种。

① 直接接触传播：是在没有任何外界因素的参与下，病原体通过被感染的牛（传染源）与易感牛直接接触（交配、舐咬等）而引起的传播方式。以直接接触为主要传播方式的传染病为数不多，在牛病中狂犬病具有代表性。通常只有被病牛直接咬伤并随着唾液将狂犬病病毒带进伤口的情况下，才有可能引起狂犬病传染。仅能以直接接触而传播的传染病，其流行特点是一个接一个地发生，形成明显的链锁状。这种方式使疾病的传播受到限制，一般不易造成广泛流行。

② 间接接触传播：必须在外界环境因素的参与下，病原体通过传播媒介使易感牛发生传染的方式称为间接接触传播。从传染源将病原体传播给易感牛的各种外界环境因素称为传播媒介。传播媒介可能是生物（媒介者），也可能是无生命的物体（媒介物）。

大多数传染病如口蹄疫、牛瘟等以间接接触传播为主要方式，同时也可以通过直接接触传播。两种方式都能传播的传染病也可以称为接触性传染病。

流行病学上另一种常用名词——水平传播的意义是指病原体在同一代或基本上是同一代的牛之间进行传播。传播途径可有消化道、呼吸道或皮肤黏膜创伤等。垂直传播的意义则是指从这一代的受感染牛传给下一代牛，可经卵巢、子宫内感染或初乳感染。如在病毒性传染病中，病毒粒子可经卵细胞传给下一代的有淋巴球性脉络丛脑膜炎病毒等，可经胎盘感染的有蓝舌病病毒等，可经初乳感染的有哺乳类牛白血病病毒等。

（2）间接接触一般通过以下几种途径传播。

① 经空气（飞沫、飞沫核、尘埃）传播：空气不适于任何病原体生存，但空气可作为传染的媒介物，它可作为病原体在一定时间内暂时存留的环境。经空气而散播的传染主要是通过飞沫、飞沫核或尘埃为媒介而传播的。

经飞散于空气中带有病原体的微细胞沫而散播的传染称为飞沫传染。所有的呼吸道传染病都是通过飞沫而传播的，如结核病、牛肺疫等。这类病牛的呼吸道往往积聚不少渗出液，刺激机体咳嗽或打喷嚏，咳嗽或打喷嚏瞬间的强气流把带着病原体的渗出液从狭窄的呼吸道射出来形成飞沫飘浮于空气中，可被易感牛吸入而感染。

牛体正常呼吸时，一般不会排出飞沫，只有呼出的气流强度较大时（如咳嗽、打喷嚏）才喷出飞沫。一般飞沫中的水分蒸发变干后，成为由蛋白质与细菌或病毒组成的飞沫核，核越大其落地越快，越小则越慢。这种小的飞沫能在空气中飘浮较久、较远。但总的来说，飞沫传播是受时间和空间限制的。从病牛一次喷出的飞沫来说，其传播的空间不过几米，维持的时间最多只有几小时，但为什么经飞沫传播的呼吸道疾病会引起大规模流行呢？这是由于传染源和易感牛不断转移和集散，到处喷出飞沫所致。一般来说，干燥、光亮、温暖和通风良好的环境中飞沫飘浮的时间较短，其中的病原体（特别是病毒）死亡较快；相反，潮湿、阴暗、低温和通风不良的环境中飞沫传播的时间较长。

传染源排出的分泌物、排泄物和处理不当的尸体，散布在外界环境中的病原体附着物，经干燥后，由于空气流动冲击，带有病原体的尘埃在空气中飘散，被易感牛吸入而感染，称为尘埃传染。尘埃传染的时间和空间范围比飞沫要大，可以随空气流动转移到任何地区。但实际上尘埃传播的传染作用比飞沫要小，因为只有少数在外界环境生存能力较强的病原体能耐这种干燥环境或阳光暴晒。能借尘埃传播的传染病有结核病、炭疽等。

② 经污染的饲料和水传播：以消化道为主要侵入门户的传染病和口蹄病、牛瘟、沙门菌病、结核病等，其传播媒介主要是污染的饲料和饮水。传染源的分泌物、排出物和病牛尸体及其流出物污染了饲料、牧草、饲槽、水池、水井、水桶，或由某些污染的管理用具、车船、畜舍等间接污染了饲料、饮水而传给易感牛。因此，在防疫上应特别注意防止饲料和饮水的污染，防止饲料仓库、饲料加工场、畜舍、牧地、水源、有关人员和用具的污染，并做好相应的防疫及消毒卫生管理。

③ 经污染的土壤传播：随病牛排泄物、分泌物或其尸体一起落入土壤而能在其中生存很久的病原微生物可称为土壤性病原微生物。它所引起的传染病有炭疽、气肿疽、破伤风等。

破伤风等病原体常生活在草食牛的肠道里，随粪便一起落入土壤中，其芽孢抵抗力很强，能在土壤中长期生存。如果牛伤口中污染了土壤中的芽孢时即可能引起感染。

炭疽和气肿疽的病原体是随着病牛的排泄物或尸体而污染土壤，形成芽孢后可长期保存在土壤中，尤其是在有机质丰富、排水不良的土壤中保存时间更长。芽孢在土壤中常随着水流方向逐渐转移扩大向积水的沼泽地积聚。严重的污染地区，常由于洪水的冲淹，使土壤中的芽孢被水冲起依附在牧草上，牛啃食此种牧草容易发病。

从以上实例可以看出，经污染的土壤传播的传染病，其病原体对外界环境因素的抵抗力较强，疫区的存在相当牢固。因此应特别注意病牛排泄物、污染的环境及物体和尸体的处理，防止病原体落入土壤，以免造成难以处理的后患。

④ 经活的媒介物而传播：非本种牛和人类也可能作为传播媒介传播牛传染病。主要有以下几类。

a. 节肢动物：节肢动物中作为牛传染病的媒介主要是虻类、螯蝇、蚊、蠓、家蝇和蜱等。主要是机械性传播，它们通过在病畜、健畜间的刺螯吸血而散播病原体。亦有少数是生物性传播，某些病原体（如立克次体）在感染牛前必须先在一定种类的节肢动物（如某种蜱）体内通过一定的发育阶段，才能致病。

虻类主要分布于森林、沼泽和草原地带，在温暖季节最为活跃，螯蝇通常生活在牛舍附近，它们是主要的吸血昆虫，可以传播炭疽、气肿疽等败血性传染病。蚊能在短时间内将病原体转移到很远的地方去，可以传染各种脑炎等。家蝇虽不吸血，但活动于畜体和排泄物、分泌物、尸体、饲料之间，它在传播一些消化道传染病方面的作用也不容忽视。

b. 野生动物：野生动物的传播可以分为两大类。一类是本身对病原体具有易感性，受感染后再传染给畜禽，在此野生动物实际上是起了传染源的作用。如狐、狼、吸血蝙蝠等将狂犬病传染给牛，鼠类传播沙门杆菌病、钩端螺旋体病、布氏杆菌病等。另一类是本身对该病原体无易感性，但可以机械性传播疾病，如乌鸦在啄食炭疽病牛的尸体后从粪内排出炭疽菌的芽孢，鼠类可能机械传播口蹄疫等。

c. 人类：饲养人员和兽医在工作中如不注意遵守防疫卫生制度，消毒不严时，容易传播病原体。如在进出病牛和健牛的牛舍时可将手上、衣服、鞋底沾染的病原体传播给健牛。兽医的体温计、注射针头以及其他器械如消毒不严就可能成为传播媒介。有些人畜共患的疾病如口蹄疫、结核病、布氏杆菌病等，人也可能作为传染源，因此结核病患者不许管理健康牛。

（三）牛群的易感性

易感性是抵抗力的反面，指牛对于每种传染病病原体的感受性的大小。该地区牛群中易感个体所占的百分比和易感性的高低直接影响传染病是否能造成流行及疫病的严重程度。牛易感性的高低虽与病原体的种类和毒力的强弱有关，但主要还是由畜体的遗传特征、特异免疫状态等因素决定的。外界环境条件如气候、饲料、饲养管理卫生条件等因素都可能直接影响牛群的易感性和病原体的传播。

（1）牛群内在因素　不同种类的牛对于同一种病原体表现的临床反应有很大的差异，这是由遗传性决定的。某一种病原体可能使多种牛感染而引起不同的表现。这种传染病的相对特异性在流行病学方面有特殊的意义，使之可能不时地出现所谓“新”的传染病。例如蓝舌病，最初在南非作为一种新病的出现，是在当地引进美利奴绵羊以后，其后发现当地的野生偶蹄兽早已有受感染的，只是没有表现临床症状。

一定年龄的牛对某些牛传染病的易感性较高，如犊牛对大肠杆菌、沙门杆菌的易感性较高。年轻的牛群对一般传染病的易感性较老年牛群为高，这往往与牛的特异免疫状态有关。

（2）牛群的外界因素　各种饲养管理因素包括饲料质量、牛舍卫生、粪便处理、拥挤、饥饿以及隔离检疫等都是与疫病发生有关的重要因素。在考虑同一地区同一时间内类似农场和牛群的差别时，很明显地可以看出饲养管理条件是非常重要的疾病要素。但对于这些饲养管理因素在农场条件下的实际重要性还很少进行过有周密对照的研究，因此它们对疫病发生的影响很难具体测定。

（3）特异免疫状态　在某些疾病流行时，牛群中易感性高的个体易于死亡，余下的牛已耐过或已过无症状传染期。所以在发生流行之后该地区牛群的易感性降低，疾病停止流行。此种免疫的牛所生的后代常有先天性被动免疫，在幼年时期也具有一定的免疫力。在某些疾病常在地区，当地牛的易感性很低，大多表现为无症状传染或顿挫型传染，其中有不少带菌牛并无临床表现。但从无病地区新引进的牛群一旦被传染常引起急性爆发。

牛群免疫性并不要求牛群中的每一只牛都是有抵抗力的，如果有抵抗力的牛所占百分比高，一旦引进病原体后出现疾病的危险性就较少，通过接触可能只出现少数散发的病例。因此，发生流行的可能性不仅取决于牛群中抵抗力的个体数，而且也与牛群中个体间接触的频率有关。一般如果牛群中的70%～80%是有抵抗力的，就不会发生大规模的爆发流行。这个事实可以解释为什么尽管不是

100%的易感牛都进行了免疫接种，或是应用集体免疫后不是所有牛都获得了免疫力，但是通过免疫接种，牛群常能获得良好保护。

当新的易感牛引进一个牛群时，牛群免疫性的水平可能出现变化。这些变化就是使牛群免疫性逐渐降低以致引起流行，再次流行之后，牛群免疫性保护了这个群体，但由于犊牛的新生，易感牛的比例增加，在一定情况下足以引起新的流行。

第三节　牛传染病的防疫措施

一、检疫

检疫就是应用前述各种诊断方法，对牛及畜禽产品进行疫病检查，并采取相应的措施，防止疫病的发生和传播，这项重要的经常进行的防疫措施，直接关系到畜牧业生产的发展，可以保障人民身体健康和维护对外贸易信誉等。

开展检疫工作必须了解牛检疫的范围、种类和对象等方面内容，现分述如下。

1. 检疫的范围

按照检疫的性质、类别，可将检疫的范围分为生产性的、贸易性的、过境的三个方面。

① 生产性的检疫范围包括国营农场、牧场、农村规模化养殖场、肉牛散养户饲养的肉牛。

② 贸易性的检疫范围包括进出口肉牛、市场交易的肉牛及其产品等。

③ 过境的检疫范围包括通过国境的列车、飞机运载的肉牛及其产品。

实施检疫的牛包括各种养殖牛、实验牛、野生牛等；牛产品包括生皮张、生毛类、生肉、兽骨、蹄角等；运载工具包括运输牛及其产品的车船、飞机、包装、铺垫材料、饲养工具、饲料等。

2. 检疫的分类

根据牛及其产品的动态和运转形式，牛检疫可分为以下几种。

（1）产地检疫　产地检疫是肉牛生产地区的检疫，做好这些地区的检疫是直接控制牛传染病的好办法。产地检疫可分两种。

① 集市检疫：主要是在集市上对农户饲养出售的牛进行检疫。由于集市是

定期开放的，牛比较集中，开展检疫工作也比较方便。一般由基层动物卫生检疫员对进入集市的牛进行健康检查，禁止病牛及危害人畜健康的肉食品上市；遇有病牛则进行隔离、消毒、治疗或扑杀处理；对未预防注射的牛进行预防接种。这种集市检疫发展很快，已在全国各地普遍开展起来。

② 收购检疫：这是养殖场或养殖户在出售牛时，由当地检疫部门进行的检疫。检疫工作的好坏直接影响中转、运输和屠宰前的发病率和死亡率，如果收购时不检疫或者检疫不认真，不仅使经济遭受损失，而且有将病原散播到安全区的严重危险。

（2）运输检疫　可分为两种。

① 铁路检疫：铁路检疫是防止畜禽疫病通过铁路运输传播，以保证农牧业生产和人民健康的重要措施之一，我国大多数省区已开展了铁路检疫和联防活动。铁路兽医检疫部门的主要任务是对托运的畜禽及其产品（如生皮、生毛等）进行检验，并查验产地或市场签发的检疫证，证明畜禽健康才能托运。如发现病牛时，畜主根据铁路兽医意见对病牛和运载车辆进行处理。在没有铁路兽医检疫的地方，则由车站工作人员根据肉牛检疫规定查验产地检疫证书，证明为健康或为来自非疫区的畜禽及其产品时方可托运。

② 交通要道检疫：无论水路、陆路或空中运输各种畜禽及其产品，起运前必须经过兽医检疫，认为合格签发检疫证书，才可允许委托装运。一般在畜禽运输频繁的车站、码头等交通要道上设立检疫站，负责畜禽检疫工作。对在运输途中发生的传染病病牛及其尸体，要就地严格进行处理，对装运病牛的车辆、船只要彻底清洗消毒。运输牛到达目的地后，要做好隔离检疫工作，待观察判明确实无病时，才能与健康牛混群。

（3）国境口岸检疫　为了维护国家主权和国际信誉，保障我国农牧业安全生产，既不能允许外国牛疫病传入，也不允许将国内牛疫病传到国外。为此，我国在国境各重要口岸设立牛检疫机构，执行检疫任务。国境口岸检疫按性质不同又可分下列数种。

① 进出口检疫：这是对贸易性牛及其产品在进出国境口岸时进行的一种检疫，只在对牛及其产品检疫而未发现检疫对象时，方准进入或输出。如发现由国外运来的牛及其产品有检疫对象时，应根据疾病性质，将病牛及可疑病牛就地烧埋、屠宰肉用或进行治疗、消毒处理等，必要时可封锁国境线的交通。我国规定：凡从国外输入畜禽及其产品，必须在签订进口合同前向对方提出检疫要求，运到国境时，由国家兽医检疫机关按规定进行检查，合格的方准输入。输出的畜

禽及其产品，由外贸部门检疫机构按规定进行检疫，合格的发给“检疫证明书”，方准输出。

② 旅客携带牛产品检疫：这是对进入国境的旅客、交通员工携带的或搬运的牛产品进行的现场检疫。未发现检疫对象的可以放行；发现检疫对象的进行消毒处理后放行；无有效方法处理的销毁；如现场不能得出检疫结果可出具凭单截留检疫，并将处理结果通知货主。出境携带的牛产品，可视情况实施检疫和出具证明。

③ 国际邮包检疫：邮寄入境的牛产品经检疫如发现检疫对象时进行消毒处理或销毁，并分别通知邮局或收寄人。

④ 过境检疫：载有牛的列车等通过我国国境时，对牛及其产品进行检疫和处理。

3. 检疫的对象

牛的传染病种类很多，并不是所有牛传染病都被列入检疫对象。例如从我国当前牛疫病的情况出发，国家规定的进口检疫对象主要是我国尚未发生而国外常发的牛疫病，如蓝舌病、黏膜病等；急性传染病如牛肺疫、牛瘟等；危害大或目前防治有困难的疫病如口蹄疫等；人畜共患的牛疫病如炭疽、布氏杆菌病、结核病、沙门杆菌病、狂犬病等。除国家规定和公布的检疫对象外，两国签订的有关协定或贸易合同中也可以规定将某种畜禽传染病作为检疫对象。省（市、区）、农业部门则可从本地区实际需要出发，根据国家公布的检疫对象，补充规定某些传染病列入本地区的检疫对象在省际公布执行。

二、免疫接种

免疫接种是激发牛机体产生特异性抵抗力，使易感牛转化为不易感牛的一种手段。有组织有计划地进行免疫接种，是预防和控制畜禽传染病的重要措施之一，在某些传染病如牛瘟、牛气肿疽等病的防制措施中，免疫接种更具有关键性的作用。根据免疫接种进行的时机不同，可分为预防接种和紧急接种两类。药物预防是为了预防某些疫病，在牛群的饲料饮水中加入某种安全的药物进行集体的化学预防，在一定时间内可以使受威胁的易感牛不受疫病的危害，这也是预防和控制牛传染病的有效措施之一，现分述如下。

1. 预防接种

在经常发生某些传染病的地区，或有些传染病潜在的地区，或受到邻近地区某些传染病经常威胁的地区，为了防患于未然，在平时有计划地给健康牛群进行的免疫接种，称为预防接种。预防接种通常使用疫苗、菌苗、类毒素等生物制剂作抗原激发免疫。根据所用生物制剂的品种不同，采用皮下、皮内、肌内注射、口服等不同的接种方法。接种一定时间（数天至3周）可获得数月至1年或以上的免疫力。为了做到预防接种有的放矢，应对当地各种传染病的发生和流行情况进行调查了解。弄清楚过去曾经常发生过的那些传染病，在什么季节流行。针对所掌握的情况，拟订每年的预防接种计划。

有时也进行计划外的预防接种。例如输入或运出牛时，为了避免在运输途中或到达目的地后爆发某些传染病而进行的预防接种。一般可采用抗原激发免疫（接种疫苗、菌苗、类毒素等），若时间紧迫，也可用免疫血清进行抗体激发免疫，后者可立即产生免疫力，但维持时间仅半个月左右。

如果在某一地区过去从未发生过某种传染病，也没有从别处传进来的可能时，则就没有必要进行该传染病的预防接种。

预防接种前，应对被接种的牛只进行详细的检查和调查了解，特别注意其健康情况、年龄大小、是否正在妊娠或泌乳以及饲养条件的好坏等情况。成年的、体质健壮或饲养管理条件较好的牛，接种后会产生较强的免疫力。反之，幼年的、体质弱的、有慢性病或饲养管理条件不好的牛，接种后产生的抵抗力就差些，也可能引起较明显的接种反应。妊娠母牛，特别是临产前的母牛，在接种时由于驱赶、捕捉等影响或者由于疫苗所引起的反应，有时会产生流产或早产，或者可能影响胎儿的发育，泌乳期的母牛或早产期的母牛预防接种后，有时会暂时减少产奶量。所以对那些幼年的、体质弱的、有慢性病的和妊娠后期的母牛，如果不是已经受到传染的威胁，最好暂时不接种。对那些饲养管理条件不好的牛，在进行预防接种的同时，必须创造条件改善饲养管理。

接种前，应注意了解当地有无疫病流行，如发现疫情，则首先安排对该病的紧急防疫。如无特殊疫病流行则按原计划进行定期预防接种。一方面组织力量，向群众做好宣传发动工作；另一方面准备疫苗、器械、消毒药品和其他必要的用具。接种时防疫人员要树立全心全意为人民服务的精神，爱护牛，做到消毒认真，剂量、部位准确。接种后，要向群众说明需加强饲养管理，使机体产生较好的免疫力，减少接种后的反应。

预防接种发生反应的原因是一个复杂的问题，是由多方面的因素造成的。生物制品对机体来说都是异物，经接种后总有反应过程，不过反应的性质和强度可以有所不同。在预防接种中成为问题的不是所有的反应，而是指不应有的不良反应或剧烈反应。所谓不良反应，一般认为就是经预防接种后引起了持久的或不可逆的组织器官损害或功能阻碍而致的后遗症。反应类型可分为以下几种。

（1）正常反应　是指由于制品本身的特性而引起的反应，其性质与反应强度随制品而异。例如：某些制品有一定的毒性，接种后可以引起一定的局部或全身反应。有些制品是活菌苗或活疫苗，接种后实际是一种轻度感染，也会发生某种局部反应或全身反应。随着科学的发展，进一步加强研究，改进质量和接种方法，这种反应是可以逐步解决的。

（2）严重反应　和正常反应在性质上没有区别，但程度较重或发生反应的牛数超过正常比例。引起严重反应的原因：由于某一批生物制品质量较差，或是使用方法不当，如接种剂量过大、接种技术不正确、接种途径错误等；或是个别牛对某种生物制品过敏。这类反应通过严格控制制品质量和遵照使用说明书可以减少到最低限度，只有在个别特殊敏感的牛中才会发生。

（3）合并症　是指与正常反应性质不同的反应。主要包括：超敏感（血清病、过敏休克、变态反应等）；扩散为全身感染（由于接种活疫苗后，防御功能不全或遭到破坏时可发生）和诱发潜伏感染。

同一地区，同一种牛，在同一季节内往往可能有两种以上疫病流行。如果同时接种两种以上的疫苗（使用多联多价制剂和联合免疫的方法）是否能达到预期的免疫效果呢？一般认为，当同时给牛接种两种以上疫苗时，这些疫苗可分别刺激机体产生多种抗体。一方面它们可能彼此无关，另一方面可能彼此发生影响。影响的结果，可能是相互彼此促进，有利于抗体的产生，也可能互相抑制，使抗体的产生受到阻碍。同时，还应考虑牛机体对疫苗刺激的反应是有一定限度的。同时注入种类过多，机体不能忍受过多刺激时，不仅可能引起较剧烈的注射反应，而且还能减弱机体产生抗体的功能，从而减低预防接种的效果。因此，究竟哪些疫苗可以同时接种，哪些不可以同时接种，还必须通过试验来证明。

国外已广泛使用的联合疫苗如牛传染性鼻气管炎、病毒性腹泻联合疫苗，口蹄疫、钩端螺旋体病和布氏杆菌病联合苗以及牛瘟、炭疽、立谷热联合苗等。通过实践证明，这些制剂一针可防多病，大大提高了防疫工作效率，给兽医人员和群众带来很多方便，这是预防接种工作的发展方向。此外，国内外正在研究和使用疫苗的口服及气雾免疫，如牛羊布氏杆菌病的饮水免疫和气雾免疫，均获得良好的免疫效果。随着集约化畜牧业的日益发展，为了提高防疫效率，降低劳动强度，防疫方法的改进将日益受到重视。

犊牛的免疫接种必须按合理的免疫程序进行。免疫过的妊娠母牛所产犊牛体内在一定时间内有母源抗体存在，对建立自动免疫有一定影响，因此对犊牛免疫接种往往不能获得满意结果。

2.紧急接种

紧急接种是在发生传染病时，为了迅速控制和扑灭疫病的流行，而对疫区和受威胁区尚未发病的牛进行的应急性免疫接种。从理论上说，紧急接种以使用免疫血清较为安全有效。但因血清用量大，价格高，免疫期短，且在大批接种时往往供不应求，因此在实践中很少使用。多年来的实践证明，在疫区内使用某些疫（菌）苗进行紧急接种是切实可行的。例如在发生口蹄疫等一些急性传染病时，已广泛应用疫苗紧急接种，取得较好的效果。

在疫区应用疫苗作紧急接种时，必须对所有受到传染威胁的牛逐头进行详细观察和检查，仅能对正常无病的牛以疫苗进行紧急接种。对病牛及可能已受感染的潜伏期病牛，必须在严格消毒的情况下立即隔离，不能再接种疫苗。由于在正常无病的牛群中可能混有一部分潜伏期患牛，这一部分患牛在接种疫苗后不能获得保护，反而促使它更快发病，因此在紧急接种后一段时间内牛群中发病反有增多的可能，但由于这些急性传染病的潜伏期较短，而疫苗接种后就很快能产生免疫力，因此发病数不久即可下降，最终能使流行很快停息。

紧急接种是在疫区及周围的受威胁区进行，受威胁区的大小视疫病的性质而定。某些流行性强大的传染病如口蹄疫等，紧急接种的范围需在周围 5～10 千米或以上。这种紧急接种，其目的是建立“免疫带”以包围疫区，就地扑灭疫情。但紧急接种必须与疫区的封锁、隔离、消毒等综合措施相配合才能取得较好的效果。

三、生态养殖肉牛的疾病防控原则

集体化学预防和集体治疗是防疫的一个较新途径，某些疫病在具有一定条件时采用此种方法可以收到显著的效果。所谓集体是指包括没有症状的牛在内的牛群单位。

在兽医方面随着大群集体诊断技术的应用成功，集体治疗也作为一种防治高度流行性传染病的方法被提出来，因为患病牛群的淘汰或屠宰病牛和阳性牛的方法都是很不经济的。集体治疗应使用安全而价廉的化学药物，最早大规模使用的是用于牛群灭蜱的药浴，以后发展了将安全药物（即所谓保健添加剂）加入饲料和饮水中进行的集体化学预防。

现代畜牧业进行工厂化生产，必须尽力做到使牛群无病、无虫、健康。而密闭式的饲养制度，又极易使牛流行传染病和寄生虫病，因而保健添加剂在近几十年来发展很快。如在春季给牛灌服清肺散，可有效防治牛呼吸系统的疾病；灌服健胃散＋人工盐＋食用油，可有效改善和提高牛的消化功能。

长期使用化学药物预防容易产生耐药性菌株，从而影响防治效果，因此要经常进行药物敏感试验，选择有高度敏感性的药物用于防治。而且，长期使用抗生素等药物预防某些疾病如大肠杆菌病、沙门菌病等还可能对人类健康带来严重危害，因为一旦形成耐药性菌株后，如有机会感染人类，则往往会贻误疾病的治疗。因此目前在某些国家倾向于以疫苗来防制这些疾病，而不主张采用药物预防的方法。

四、消毒

消毒是贯彻“预防为主”的方针的一项重要措施，消毒的目的是消灭被传染源散播于外界环境中的病原体，以切断传播途径，阻止疫病继续蔓延。

根据消毒的目的，可分以下三种情况。

（1）预防性消毒 结合平时的饲养管理对牛舍、场地、用具和饮水等进行定期消毒，以达到预防一般传染病的目的。

（2）随时消毒 在发生传染病时，为了及时消灭刚从病牛体内排出的病原体而采取的消毒措施。消毒的对象包括病牛所在的牛舍、隔离场地以及被病牛分泌物、排泄物污染和可能污染的一切场所、用具和物品，通常在解除封锁前进行定期的多次消毒，病牛隔离舍应每天和随时进行消毒。

（3）终末消毒 在病牛解除隔离、痊愈或死亡后，或者在疫区解除封锁之前，为了消灭疫区内可能残留的病原体所进行的全面彻底的大消毒。

以下介绍防疫工作中比较常用的一些消毒方法。

1.机械性消除

用机械的方法如清扫、洗刷、通风等消除病原体，是最普通、常用的方法。如牛舍地面的清扫和洗刷、牛体被毛的洗刷等，可以将牛体内的粪便、垫草、饲料残渣清除干净，并将牛体表的污物去掉。随着这些污物的消除，大量病原体也被消除。在消除之前，应根据清扫的环境是否干燥、病原体危害性大小决定是否需要先用清水或某些化学消毒剂喷洒，以免打扫时尘土飞扬，造成病原体散播，影响人畜健康。机械性清除不能达到彻底消毒的目的，必须配合其他消毒方法进行。清扫出来的污物，根据病原体的性质，进行堆沤发酵、掩埋、焚烧或其他药物处理。清扫后的房舍地面还需喷洒化学消毒药或用其他方法，才能将残留的病原体消灭干净。

通风亦具有消毒的意义。它虽不能杀灭病原体，但可在短期内使舍内空气交换，减少病原体的数量。如在 80 米^3 的牛舍内，当无风且舍内外温差为 20℃时，约 9 分钟就能交换空气一次，而温差为 15℃时就需 11 分钟。通风的方法很多，如利用窗户或气窗换气、机械通风等。通风时间视温差大小可适当掌握，一般不少于 30 分钟。

2. 物理消毒法

（1）阳光、紫外线和干燥　阳光是天然的消毒剂，其中的紫外线有较强的杀菌能力，阳光的灼热和蒸发水分引起的干燥亦有杀菌作用。一般病毒和非芽孢性病原菌，在直射的阳光下由几分钟至几小时可以杀死，就是抵抗力很强的细菌芽孢，连续几天在强烈的阳光下反复暴晒，也可以变弱或被杀灭。因此阳光对于牧场、草地、畜栏、用具和物品等的消毒具有很大的现实意义，应该充分利用。但阳光消毒能力的大小取决于很多条件，如季节、时间、纬度、天气等。因此利用阳光消毒要灵活掌握，并配合其他方法进行。

在实际工作中，很多场合（如实验室等）用人工紫外线来消毒。紫外线虽有一定使用价值，但它的杀菌作用受很多因素的影响，如它只能对表面光滑的物体才有较好的消毒效果。空气中尘埃能吸收很大部分的紫外线，应用紫外线消毒时，室内必须清洁，最好能先做湿式打扫（洒水后再打扫），人亦必须离开现场，因紫外线对人有一定的损害（如应用漫射紫外线则对人无害，漫射紫外线的装置与直射紫外线相反，即反光板装在灯下，紫外线直射天花板，然后漫射向下），消毒时间要求在 30 分钟以上，每平方米需一瓦光能。若灯下装一小台吹风机，能增强消毒效能。

（2）高温

① 火焰的烧灼和烘烤：是简单而有效的消毒方法，其缺点是很多物品由于烧灼而被损坏，因此实际应用并不广泛。当发生抵抗力强的病原体引起的传染病（如炭疽、气肿疽等）时，病牛的粪便、饲料残渣、垫草、污染的垃圾和其他价值不大的物品，以及倒毙病牛的尸体，均用火焰加以焚烧。不易燃的牛舍地面、墙壁可以喷火消毒。金属制品也可用火焰烧灼和烘烤进行消毒。应用火焰消毒时必须注意房舍物品和周围环境的安全。

② 煮沸消毒：是经常应用而又效果确实的方法。大部分非芽孢病原微生物在 100℃沸水中迅速死亡。大多数芽孢在煮沸后 15～30 分钟内亦能致死。煮沸 1～2 小时可以有把握地消灭所有病原体。各种金属、木制、玻璃用具、衣物等

都可以煮沸进行消毒。将煮不坏的污染物品放入锅内，加水浸没物品，可加少许碱，如1%～2%的苏打、0.5%的肥皂或氢氧化钠等，可使蛋白、脂肪溶解，防止金属生锈，提高沸点，增强灭菌作用。

③ 蒸气消毒：相对湿度在80%～100%的热空气能携带许多热量，遇到消毒物品凝结成水，放出大量热量，因而能达到消毒的目的。这种消毒法与煮沸的消毒效果相似，在农村一般利用铁锅和蒸笼进行。在一些交通检疫站，可设立专门的蒸汽锅炉或利用蒸汽机车和轮船的蒸汽对运输的车皮、船舱、包装工具等进行消毒。如果蒸汽和化学药品并用，杀菌力可以加强。高压蒸汽消毒在实验室和死病牛化制站应用较多。

3.化学消毒法

在兽医防疫实践中，常用化学药品的溶液来进行消毒。化学消毒的效果决定于许多因素，例如病原体抵抗力的特点、所处环境的情况和性质、消毒时的温度、药剂的浓度、作用时间长短等。在选择化学消毒剂时应考虑对该病原体的消毒力强、对人畜的毒性小、不损害被消毒的物体、易溶于水、在消毒的环境中比较稳定、不易失去消毒作用（如对蛋白质和钙盐的亲和力要小）、价廉易得和使用方便等。

多种酸类、碱类、重金属盐类、氧化剂、酚及其衍生物、醇类及其他化学药品都可用来作化学消毒剂。它们各有特点，可按具体情况加以选用。下面介绍几种在兽医防疫方面最常用的化学消毒剂。

（1）氢氧化钠（苛性钠、烧碱）　对细菌和病毒均有强大的杀伤力，且能溶解蛋白质。常配成1%～2%的热水溶液消毒被细菌（巴氏杆菌、沙门菌等）或病毒（口蹄疫、水泡病等）污染的牛舍、地面和用具等。1%～2%氢氧化钠溶液中加5%～10%食盐时，可增高其对炭疽杆菌的杀菌力。本品对金属物品有腐蚀性，消毒完毕要水洗干净。对皮肤和黏膜有刺激性，消毒牛舍时，应驱出牛，隔半天以水冲洗饲槽、地面后，方可让牛进圈。

（2）碳酸钠　其粗制品又称碱。常配成4%热水溶液洗刷或浸泡衣物、用具、车船和场地等，以达到消毒和去污的目的。外科器械煮沸消毒时在水中加本品1%，可促进黏附在器械上的污染物溶解，使灭菌更为完全，且可防止器械生锈。

（3）草木灰水　用新鲜干燥的草木灰10千克加水50千克，煮沸20～30分钟（边煮边搅拌，草灰因容积大，可分两次煮），去渣使用，一般可用于消毒牛舍地面。各种草木灰中含有不同量的氢氧化钾和碳酸钾，一般20%的草木灰水其消毒效果与1%氢氧化钠相似。

(4) 石灰乳　用于消毒的石灰乳是生石灰（氧化钙）1份加水1份制成熟石灰（氢氧化钙，或称消石灰），然后用水配成10%～20%混悬液用于消毒。若熟石灰存放过久，吸收了空气中的二氧化碳，生成碳酸钙，则失去消毒作用。因此在配制石灰乳时，应随配随用，以免失效浪费。石灰乳有相当强的消毒作用，但不能杀灭细菌的芽孢，它适于粉刷墙壁、围栏、消毒地面、沟渠和粪尿等。用生石灰1千克加水350毫升混合而成的粉末，也可撒播在阴湿地面、粪池周围等处进行消毒。直接将生石灰粉撒播在干燥地面上，不发生消毒作用，反而会使蹄部干燥开裂。生石灰的杀菌作用主要是改变介质的pH，夺取微生物细胞的水分，并与蛋白质形成蛋白化合物。

(5) 漂白粉　又称氯化石灰，是一种广泛应用的消毒剂。其主要成分为次氯酸钙，是气体氯将石灰氯化而成的。漂白粉遇水产生极不稳定的次氯酸，易离解产生为氧原子和氯原子，通过氧化和氯化作用而呈现强大而迅速的杀菌作用。漂白粉的消毒作用与有效氯含量有关。其有效氯含量一般为25%～36%，但有效氯易散失，所以应将漂白粉保存于密闭、干燥的容器中，放在阴凉通风处，在妥为保存的条件下，有效氯每月损失约1%～3%。当有效氯低于16%时即不适于消毒。所以在使用漂白粉前，应测定其有效氯含量。常用剂型有粉剂、乳剂和澄清液（溶液）。其5%溶液杀死一般性病原菌，10%～20%溶液可杀死芽孢，常用浓度1%～20%不等，视消毒对象和药品的质量而定。一般用于牛舍、地面、水沟、粪便、运输车船、水井等消毒。对金属及衣服、纺织有破坏力，使用时应注意。漂白粉溶液有轻度的毒性，使用浓溶液时应注意人畜安全。

多种含氮化合物如氯化铵、硫酸铵、硝酸铵、氨等均为含氯剂的促进剂。促进剂能加强化学反应，因此可缩短消毒时间，降低消毒液的浓度。

(6) 氯胺（氯亚明）　为结晶粉末，含有效氯11%以上。性质稳定，在密闭条件下可长期保存，携带方便，易溶于水。消毒作用缓慢而持久，可用于饮水消毒（0.00004%）、污染器具和畜舍的消毒（0.5%～5%）等。

(7) 过氧乙酸（过醋酸）　纯品为无色透明液体，易溶于水。市售成品有40%水溶液，性质不稳定，必须密闭避光贮放在低温（3～4℃）处，有效期半年。高浓度加热（70℃以上）能引起爆炸，但低浓度水溶液易分解，应现用现配。本品为强氧化剂，消毒效果好，能杀死细菌、真菌、芽孢和病毒。除金属制品和橡胶外，可用于消毒各种物品，如0.2%溶液用于浸泡污染的各种耐腐蚀的玻璃、塑料、陶瓷用具和白色纺织品；0.5%溶液用于喷洒消毒畜舍地面、墙壁、食槽、木质车船等。

由于分解后形成一些无毒产物，不遗留残药，因此能消毒水果蔬菜和食品表面，用5%溶液按每立方米2.5毫升喷雾消毒密闭的实验室、无菌室、仓库、加工车间等。

（8）环氧乙烷　具有很高的化学活性和极强的穿透性，是一种高效广谱消毒剂。对各种病原体均有杀灭作用，可用于各种物品（毛、皮、衣物、医疗器械和仪器等）的消毒。但气温低于15℃时则不起作用。对各种害虫及虫卵有一定的毒杀作用。

本品对人畜有一定的毒性，应避免接触其液体和吸入其气体。

（9）来苏儿　为钾皂制成的甲酚液（或称煤酚皂溶液），应含有不少于47%甲酚。皂化较好的来苏儿易溶于水，对一般病原菌具有良好的杀菌作用，但对于芽孢和结核杆菌的作用小。常用浓度为3%～5%，用于畜舍、护理用具、日常器械、洗手等消毒。

（10）克辽林　油状黑褐色液体，是皂化的煤焦油产物，带焦油芳香气味，又称臭药水。杀菌作用不强，常用其5%～10%水溶液消毒牛舍、用具和排泄物等。

（11）新洁尔灭、洗必泰、消毒净、度米芬　这四种都是季铵盐类阳离子表面活性消毒剂。新洁尔灭为胶状液体，其余为粉剂。均易溶于水，溶解后能降低液体的表面张力。其共同特性为毒性低、无腐蚀性、性质稳定、能长期保存、消毒对象范围广、效力强、速度快。对一般病原细菌均有强大的杀灭效能。

上述消毒剂的0.1%水溶液浸泡器械（如为金属器械需加0.5%亚硝酸钠以防锈）、玻璃、搪瓷、衣物、敷料、橡胶制品，用新洁尔灭需经30分钟，用其余三药10分钟即可达到消毒目的。皮肤消毒可用0.1%新洁尔灭溶液或消毒净溶液或用0.02%～0.05%洗必泰、消毒净或度米芬的醇（70%）溶液，消毒皮肤的效果与碘酊相等。

使用上述消毒剂时，应注意避免与肥皂或碱类接触。因肥皂属阴离子清洁剂，能对抗或减弱其抗菌效力，如已用过肥皂，必须冲洗干净后再使用这些消毒剂。配制消毒液的水质硬度过高时，应加大药物浓度0.5～1倍。

（12）氨水　消毒使用的氨水即为化肥厂生产的农用氨水的稀释液。氨水价廉易得，用于消毒牛舍，又可增加粪便污水的肥效。据试验，以5%（用含氨量为18%的农用氨水2.5千克加水6.5千克配成）喷洒消毒，在6小时内可杀灭巴氏杆菌病毒等，在24小时可杀灭沙门杆菌和大肠杆菌等。喷洒时消毒人员应戴用2%硼酸湿润的口罩和风镜，以减少对人体黏膜的刺激。

(13) 戊二醛　商用是其25%（重/容）水溶液，常用其2%溶液，溶液呈酸性反应，以0.3%碳酸氢钠作缓冲，使pH值调整至7.5～8.5，杀菌作用显著增强，戊二醛溶液的杀菌力比甲醛更强，在国外是一种使用广泛的消毒药，常用于不耐高温的医疗器械消毒，如金属、橡胶、塑料和有透镜的仪器等。2%溶液对病毒作用很强，2分钟内可使肠道病毒灭活，对腺病毒、呼肠孤病毒等短时间内可灭活。10分钟内可杀死结核杆菌，3～4小时内杀死芽孢，且不受有机物影响，刺激性也较弱。

4. 生物热消毒

生物热消毒法主要用于污染的粪便的无害处理。在粪便堆沤过程中，利用粪便中的微生物发酵产热，可使温度高达70℃以上。经过一段时间，可以杀死病毒、病菌（芽孢除外）、寄生虫卵等病原体而达到消毒的目的，同时又保持了粪便的良好肥效。

在发生一般疫病时，这是一种很好的粪便消毒方法。但这种方法不适用于产生芽孢的病菌所致疫病（如炭疽、气肿疽等）的粪便消毒，这种粪便最好予以焚毁。

五、传染病病牛的治疗和淘汰

牛传染病的治疗，一方面是为了挽救病牛，减少损失，另一方面在某种情况下也是为了消除传染源，是综合性防疫措施中的一个组成部分。目前对各种牛传染病的治疗方法虽不断有所改进，但仍有一些疫病尚无有效的疗法。当认为病牛无法治愈；或治疗需要很长时间，所有医疗费用超过病牛痊愈后的价值；或当病牛对周围的人畜有严重的传染威胁时，可以淘汰宰杀。尤其是当某地传入一种过去没有发生过的危害性较大的新病时，为了防止疫病蔓延扩散，造成难以收拾的局面，应在严密消毒的情况下将病牛淘汰处理。在一般情况下，我们既要反对那种只管治不管防的单纯治疗观点，又要反对那种从另一个极端曲解"预防为主"、"防重于治"，认为重在预防，治疗就可有可无的想法。

传染病病牛的治疗与一般普通病不同，特别是那些流行性强、危害严重的传染病，必须在严密封锁或隔离的条件下进行，务必使治疗的病牛不致成为散播病原的传染源。治疗工作应以唯物辩证法为指导思想，在用药方面坚持因地制宜、勤俭节约的原则。既要考虑针对病原体，消除其致病作用，又要帮助牛机体增强一般抗病能力和调整、恢复生理功能，采取综合性的治疗方法。病牛的治疗必须及早进行，不能拖延时间。还应尽量减少诊疗工作的次数和时间，以免经常惊扰而使病牛得不到安静的休养。不能单靠药物治疗，而应尽力扶持和增强病牛本身的抵抗力。

（一）针对病原体的疗法

在牛传染病的治疗方面，帮助牛机体杀灭或抑制病原体，或消除其致病作用的疗法是很重要的，一般分为特异性疗法、抗生素疗法和化学疗法等。

1.特异性疗法

应用针对某种传染病的高度免疫血清、痊愈血清（或全血）等特异性生物制品进行治疗，因为这些制品只对某种特定的传染病有疗效，而对他种病无效，故称为特异性疗法。例如破伤风抗毒素血清只能治破伤风，对其他病无效。

高度免疫血清主要用于某些急性传染病的治疗，如巴氏杆菌病、炭疽、破伤风等。一般在诊断确实的基础上在病早期注射足够剂量的免疫血清，常能取得良好的疗效。如缺乏高度免疫血清，可用耐过牛或人工免疫牛的血清或血液代替，可起到一定的作用，但用量必须加大。使用血清时如为异种牛血清，应特别注意防止过敏反应。一般高度免疫血清很少生产，而且并随时可以购得，因此在兽医实践中的应用远不如抗生素或磺胺类药物广泛。

2.抗生素疗法

抗生素为细菌性急性传染病的主要治疗药物，近年来在兽医实践中的应用日益广泛，并已获得显著成效。抗生素的种类、性质和药理作用详见药理学。下面仅就在传染病的治疗工作中正确应用抗生素的问题作一简要说明。

合理应用抗生素是发挥抗生素疗效的重要前提。不合理的应用或滥用抗生素往往引起种种不良后果。一方面可能使敏感病原体对药物产生耐药性，另一方面可能对机体引起不良反应，甚至引起中毒。使用时一般要注意如下几个问题。

（1）掌握抗生素的适应证　抗生素各有其主要适应证，可根据临床诊断，估计致病菌种，选用适当药物。最好以分离的病原菌进行药物敏感性试验，选择对此菌敏感的药物用于治疗。对革兰阳性细菌引起的感染如破伤风、炭疽、气肿疽、放线菌病、链球菌病和葡萄球菌感染等可选用青霉素和四环素类；对革兰阴性细菌引起的感染如巴氏杆菌病、大肠杆菌病和沙门杆菌病等则要优先选用链霉素和氯霉素；对耐青霉素及四环素类的金黄色葡萄球菌感染可选用红霉素及半合成的新青霉素，对铜绿假单胞菌感染则可选用庆大霉素和多黏菌素；对支原体或立克次体病则选用四环素族广谱抗生素；对真菌感染则选用灰黄霉素、制霉菌素、克霉唑（三苯甲咪唑）等。

(2) 考虑用量、疗程、给药途径、不良反应、经济价值等问题　开始剂量宜大，以便迅速有力消灭病原体，以后再根据病情酌减用量；疗程应根据疾病的类型、病牛的具体情况决定，一般急性感染的疗程不必过长，可于感染控制后3天左右停药。用药期间应密切注意药物可能产生的不良反应（如肝肾功能障碍等），及时停药，改换其他品种和相应的解救措施。在治疗病牛时还要考虑的药物供应情况和价格等问题，如有疗效好、来源广、价格便宜的磺胺类药物或中草药可以代替的，应尽量优先选用。

(3) 不要滥用　滥用抗生素不仅对病牛无益，反而会产生种种危害。例如常用的抗生素对各种病毒性传染病无效，一般不宜应用，即使在某种情况下用于控制继发感染，如遇病毒性感染继续加剧的情况，对病牛也是无益而有害的。又如对发热原因不明、病情不太严重的患畜也不要轻易用抗生素治疗，把抗生素当作退热药的做法更是错误的。凡属可用可不用者尽量不用，可用窄谱抗生素时不用广谱抗生素，一种抗生素能奏效的就不使用多种抗生素，这些措施均可以减少或避免细菌耐药性的产生。

此外，还应注意，食用牛在屠宰前一定时间不准使用抗生素等药物治疗，因为这些药物在畜产品中的残留量对人类是有危害的。

(4) 抗生素的联合应用　结合临床经验控制使用。联合应用时有可能通过协同作用增进疗效，如青霉素与链霉素的合用、土霉素与氯霉素合用等主要表现为协同作用。但是，不适当的联合使用（如青霉素和氯霉素合用、土霉素与链霉素合用常产生对抗作用），不仅不能提高疗效，反而可能削弱疗效，而且增加了病原体对多种抗生素的接触机会，更易广泛地产生耐药性。

抗生素与磺胺类药物的联合应用常用于治疗某些细菌性传染病。如链霉素和磺胺嘧啶的协同作用可以防止病原体迅速产生对链霉素的耐药性，这种方法可用于布氏杆菌病的治疗。青霉素与磺胺的联合应用常比单独使用的抗菌效果更好。

3. 化学疗法

使用有效的化学药物帮助牛机体消灭抑制病原体的治疗方法，称为化学疗法。治疗牛传染病最常用的化学药物有以下几类。

(1) 磺胺类药物　这是一类化学合成的抗菌药物，可抑制大多数革兰阳性菌和部分阴性菌，对放线菌和一些病毒也有一定作用，个别磺胺类药还能选择性抑制某些原虫。磺胺类药物种类很多，一般为口服，也可用其钠盐进行注射。除磺胺甲氧嗪及作用于消化道的磺胺脒等以外，其他如磺胺噻唑、磺胺嘧啶、磺胺甲基嘧啶、磺胺双甲基嘧啶等，在口服时应加等量的碳酸氢钠，以助其溶解、吸收和防止泌尿系统结晶析出而造成严重后果。由于磺胺类药只有抑菌作用，为机体歼灭细菌创造了有利条件。因此，在治疗期间加强对病牛的饲养管理，提高机体自身的防御功能，对于彻底消灭病菌有着决定性的作用。

(2) 抗菌增效剂　这是一类新型广谱抗菌药物，与磺胺类药并用，能显著增加疗效，曾称为磺胺增效剂，近年来发现这类药物亦能大大增加某些抗生素的疗效，故现称抗菌增效剂。国内已大量生产供临床使用的抗菌增效剂有甲氧苄氨嘧啶和二甲氧苄氨嘧啶等。

甲氧苄氨嘧啶的抗菌谱与磺胺类药相似但效力较强，对多种革兰阳性菌和阴性菌有效。高敏细菌有大肠杆菌、沙门杆菌、变形细菌、梭菌、炭疽杆菌、巴氏杆菌、流感嗜血杆菌、兽疫链球菌、弧菌等，敏感细菌有布氏杆菌、棒状杆菌、放线菌、波氏杆菌、金黄色葡萄球菌等。当与磺胺类药物（如磺胺嘧啶、磺胺-5-甲氧嘧啶、磺胺甲基嘧啶等，现已生产的多种复方制剂或抗生素（如四环素、庆大霉素等）联合应用时，抗菌作用有明显增强。制剂可注射或内服。

二甲氧苄氨嘧啶（DVD，敌菌净）的抗菌作用与甲氧苄氨嘧啶（TMP）相似，由于其生产工艺较简单，成本较低，毒性反应较低，更适于兽用。DVD 内服后吸收较差，在胃肠道内保持较高抑菌浓度，吸收后最高血液浓度仅为 TMP 的 1/5。作为胃肠道抗菌增效剂的效果比 TMP 优越。

（二）针对牛机体的疗法

在牛传染病的治疗工作中，既要考虑帮助机体消灭或抑制病原体，消除其致病作用，又要帮助机体增强一般的抵抗力和调整、恢复生理功能，促使机体战胜疫病，恢复健康。

(1) 加强护理　对病牛护理工作的好坏直接关系到医疗效果的好坏，这是治疗工作的基础。传染病牛的治疗应在严格隔离的牛舍中进行，冬季应注意防寒保暖，夏季注意防暑降温。隔离舍必须光线充足、通风良好，并用单独的畜栏，防止病牛彼此接触，应保持安静、干爽、清洁，并经常进行消毒，严禁无关人员入内。应供给病牛充分的饮水，尤其高热病牛经常需要喝水，每一病牛应单独有一水桶或水盆，每天更换清洁的饮水。给以新鲜而易消化的高质量饲料，少喂勤添，必要时可人工灌服。根据病情的需要，亦可用注射葡萄糖、维生素或其他营养物质以维持其生命。此外，应根据当时当地的具体情况、所患病的性质和该病牛的临床特点进行适当的护理工作。

(2) 对症疗法　在传染病治疗中，为了减缓或消除某些严重的症状、调节和恢复机体的生理功能而进行的内外科疗法，均称为对症疗法。如使用退热、止痛、止血、镇静、兴奋、强心、利尿、导泻、止泻、防止酸中毒和碱中毒、调节电解质平衡等药物以及某些急救手术和局部治疗等，都属于对症疗法的范畴。

（三）中兽医疗法

中兽医在疫病治疗上，以发表、攻里、和解、开透、清凉、温燥、消化、补益等“八法”为基础，用针灸或药剂相辅兼施，着重于调节机体的生理功能，辨证论治。有些药物对病原体也有明显的杀灭或抑制作用。其中黄芩、板蓝根、穿心莲、蒲公英、金银花、白杨花、紫花地丁、连翘、鱼腥草、地锦草、败酱草、马齿苋以及大蒜、葱等都含有一定的植物性抗菌物质，可用于防治某些牛传染病。

第九章 牛的传染病

第一节　牛口蹄疫

口蹄疫是由口蹄疫病毒引起的偶蹄目动物共患的急性、热性、接触性传染病。其临床特征是口腔黏膜、乳房和蹄部出现水疱。偶见于人和其他动物。

一、病原

牛口蹄疫病毒属小核糖核酸病毒科口疮病毒属，根据血清学反应的抗原关系，病毒可分为O、A、C、亚洲Ⅰ及南非Ⅰ、Ⅱ、Ⅲ等7个不同的血清型和60多个亚型。

口蹄疫病毒对酸、碱特别敏感。在pH值为3时，瞬间丧失感染力，pH值为5.5时1秒内90%被灭活；1%～2%氢氧化钠或4%碳酸氢钠液1分钟内可将病毒杀死。−70～−50℃病毒可存活数年，85℃ 1分钟即可杀死病毒。牛奶经巴氏消毒（60℃ 15分钟）能使病毒感染力丧失。在自然条件下，病毒在牛毛上可存活24日，在麸皮中能存活104日。紫外线可杀死病毒，乙醚、丙酮、氯仿和蛋白酶对病毒无作用。

二、流行病学

自然感染的动物有黄牛、奶牛、猪、山羊、绵羊、水牛、鹿和骆驼等偶蹄目动物；人工感染可使豚鼠、乳兔和乳鼠发病。

已被感染的牛能长期带毒和排毒。病毒主要存在于食管、咽部及软腭部。非洲野牛个体带毒可达5年。带毒牛成为传播者，可通过其唾液、乳汁、粪、尿、毛、皮、肉及内脏将病毒散播。被污染的圈舍、场地、草地、水源等为重要的疫源地。病毒可通过接触、饮水和空气传播。鸟类、鼠类、猫、犬和昆虫均可传播此病。各种污染物品如工作服、鞋、饲喂工具、运输车、饲草、饲料、泔水等都可以传播病毒引起发病。以冬、春季节发病率较高。随着商品经济的发展，畜及畜产品流通领域的扩大，人类活动频繁，致使牛口蹄疫的发生次数和疫点数增加，造成牛口蹄疫的流行无明显的季节性。

三、症状

口蹄疫病毒侵入牛体内后，经过2～3日，有的则需7～21日的潜伏时间，才出现症状。症状表现为口腔、鼻、舌、乳房和蹄等部位出现水疱，12～36小时后出现破溃，局部露出鲜红色糜烂面。体温升高达40～41℃；精神沉郁，食欲减退，脉搏和呼吸加快。乳头上水疱破溃，挤乳时疼痛不安。蹄水疱破溃，蹄痛跛行，蹄壳边缘溃裂，重者蹄壳脱落（图9-1，彩图）。犊牛常因心肌麻痹死亡，剖检可见心肌出现淡黄色或灰白色、带状或点状条纹，似如虎皮，故称“虎斑心”。有的牛还会发生乳房炎、流产症状。病牛大量流涎（图9-2，彩图），很快就在唇内、齿龈、舌面、颊部黏膜、蹄趾间及蹄冠部柔软皮肤以及乳房皮肤上出现水疱，水疱破裂后形成红色烂斑，之后糜烂逐渐愈合，也可能发生溃疡，愈合后形成瘢痕，少食或拒食。该病在成年牛一般死亡率不高，在1%～3%；但在犊牛，由于发生心肌炎和出血性肠炎，死亡率很高。

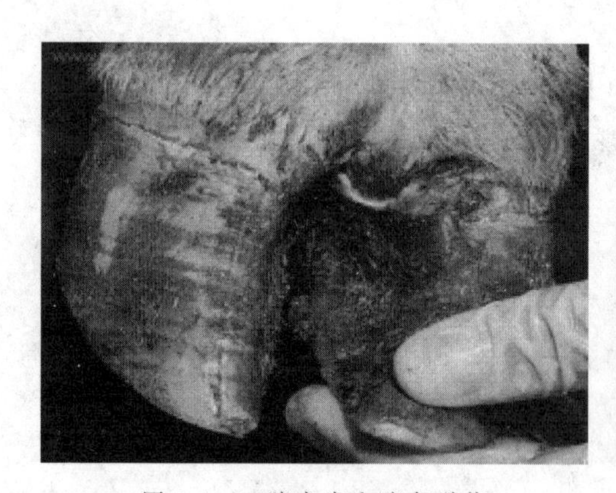

图9-1 口蹄疫病牛蹄壳脱落

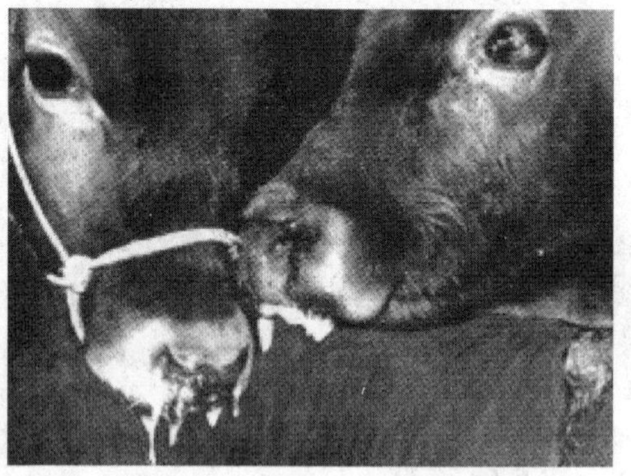

图9-2 口蹄疫病牛大量流涎

四、诊断

（1）临床诊断 根据该病传播速度快，典型症状是口腔、乳房和蹄部出现水疱和溃烂，可初步诊断。

（2）鉴别诊断 该病与水泡性口炎的症状相似，不易区分，故应鉴别。其方法是采集典型发病的水疱皮，研细，以 pH 值为 7.6 的磷酸盐缓冲液制成 1∶10 的悬液，离心沉淀，取上清液接种牛、猪、羊、马、乳鼠，如果仅马不发病，其他动物都发病，即是口蹄疫。

（3）实验室诊断　取牛舌部、乳房或蹄部的新鲜水疱皮 5～10 克，装入灭菌瓶内，加 50％甘油生理盐水，低温保存，送有关单位鉴定。

五、治疗

治疗前期可以用疫苗，但不能仅靠疫苗，口蹄疫主要引发心肌炎猝死，必须要清热解毒、营养心肌，提高机体免疫力、抗菌消炎（预防继发感染）、用新亚口蹄特灵血清来抗病毒、并供给心脏充足营养。

（1）立即终止毒物或毒素继续进入体内，并促进其排泄。

（2）使用解毒剂或对抗剂。

（3）改善心肌代谢和营养。

（4）防治心功能不全和心律失常。

（5）对症治疗。

① 维生素 C＋生脉注射液 20～60 毫升加入 5％的葡萄糖或 0.9％的氯化钠 250 毫升中，每日 1 次，连续 5 天一疗程。

② 肌苷＋三磷腺苷（ATP）200 毫克、辅酶 A 50 单位、胰岛素 4 单位加入 10％葡萄糖 250 毫升中静滴，每日 1 次。或使用能量合剂。

③ 注射口蹄疫多联血清，杀灭体内病毒，抑制病毒繁殖，从而减少心肌炎发生的概率。

④ 口腔消毒用冰硼散、碘甘油等。

⑤ 对体温 40℃以上的牛要进行退热，可用柴胡或双黄连注射液进行注射。尽量少用化学药退热。

⑥ 恢复食欲，添加电解多维、抗毒强体散，灌玉米粥。

⑦ 对病毒性心肌炎可注射一些抗病毒药物，如板蓝根、金银花、连翘或利巴韦林等。

六、注射疫苗不良反应防治

1. 不良反应的症状

（1）一般反应　个别牛注射疫苗后精神萎靡不振、食欲减退、体温稍升高。一般不需要特殊治疗，1～3 天后恢复正常。

（2）严重反应　因个体差异，个别牛注射疫苗后会出现急性过敏反应，呼吸加快，可视黏膜充血、水肿，肌肉震颤，瘤胃臌气，口角出现白沫，倒地抽搐，抢救不及时会死亡。

2.不良反应的预防

① 在注射疫苗前仔细阅读说明书和认真调查健康状况，病牛瘦弱和临产母牛不注射，待机体恢复后补注。

② 曾有过疫苗反应病史的，建议在注射疫苗前先皮下注射0.1％盐酸肾上腺素、盐酸异丙嗪药物，随即注射疫苗，以减少不良反应的发生。

3.不良反应治疗措施

（1）对严重反应　建议迅速皮下注射0.1％盐酸肾上腺素5毫克，视病情缓解程度，20分钟后可以重复注射相同剂量一次，肌内注射盐酸异丙嗪（非那根）500毫克，肌内注射地塞米松磷酸钠30毫克（孕畜不用）。对已休克牛，除应迅速注射上述药物外，还需迅速针刺耳尖、大脉穴（颈静脉沟前三分之一处的颈静脉上）、尾根穴（尾背侧正中，荐尾结合部棘突间凹陷处）、蹄头穴（蹄冠缘背侧正中，有毛与无毛交界处，即三、四蹄上缘，每蹄内外各1穴，共8穴）。迅速建立静脉通道，将去甲肾上腺素10毫克加入10％葡萄糖注射液2000毫升静滴，如体温低于36.5℃的患牛除可用上述药物外，另加乙酰辅酶A 1000单位、ATP（三磷腺苷）200毫克、肌苷3000毫克、25％葡萄糖2000毫升静滴。待牛苏醒、脉律恢复后，撤去此组药，换成5％葡萄糖氯化钠注射液2000毫升，加入维生素C 5克、维生素 B_6 3000毫克静滴，然后再用5％硫酸氢钠液500毫升静滴即可。

（2）对一般反应　一般只需迅速肌内注射地塞米松磷酸钠30毫克。

第二节　牛布氏杆菌病

牛布氏杆菌病是由牛型布氏杆菌侵染牛而引起的传染病，病原菌侵害生殖系统，引发子宫、胸膜、关节、睾丸等炎症。临床上以母牛流产和不孕症为主，人类接触带菌牛或食用病牛及其乳制品，均可被感染。所以此病不但影响奶牛的生产力，而且威胁人类的身体健康，我国是布氏杆菌病感染较为严重的国家，近年来布氏杆菌病感染逐年上升，情况不容乐观。

布氏杆菌属分为羊、牛、猪、鼠、绵羊及犬布氏杆菌6个种、20个生物型。在中国流行的主要是牛、羊、猪三种布氏杆菌。

一、病原

布氏杆菌共分为牛、羊、猪、沙林鼠、绵羊和犬布氏杆菌六种。在中国发现的主要为前三种。布氏杆菌为细小的短杆状或球杆状，不产生芽孢，革兰染色阴性的杆菌。布氏杆菌对热敏感，70℃ 10分钟即可死亡；阳光直射1小时死亡；在腐败病料中迅速失去活力；一般常用消毒药都能很快将其杀死。

按生化和血清学反应分为马尔他布氏杆菌（羊型）、流产布氏杆菌（牛型）、猪布氏杆菌（猪型），另外还有森林鼠型、绵羊附睾型和犬型。感染人者主要为羊型、牛型和猪型。其致病力以羊型最强，次为猪型，牛型最弱。

二、流行特点

自然病例主要见于牛、山羊、绵羊和猪。母畜较公畜易感，成年牛较犊牛易感。病牛是本病的主要传染源，该菌存在于流产胎儿、胎衣、羊水、流产母牛的阴道分泌物及公牛的精液内，多经接触流产时的排出物及乳汁或交配而传播。本病呈地方性流行。新疫区常使大批妊娠母牛流产；老疫区流产减少，但关节炎、子宫内膜炎、胎衣不下、屡配不孕、睾丸炎等逐渐增多。

三、病理

布氏杆菌首先感染牛。牛临床表现不明显。但妊娠的母牛则极易引起流产或死胎，所排出的羊水、胎盘、分泌物中含大量布氏杆菌，特别有传染力。而其皮毛、尿、粪、奶液中均有此菌。排菌可长达3个月以上。

该菌自损伤的皮肤及黏膜或消化道，呼吸道进入人体后，首先被吞噬细胞吞噬，进入淋巴结，有时可在其中存活并生长繁殖形成感染灶，2～3周后可进入血液循环产生菌血症。继之在网状内皮系统如肝、脾、骨髓内生长形成新的感染病灶，并可多次反复冲破细胞进入血液循环中，则再一次引起菌血症和临床急性症状，表现为平均2～3周的发热期，每间隔约3天至2周，发热反复，产生波浪状的热型，称为波状热。

布氏杆菌病急性期的病理变化为多脏器的炎性变化及弥漫性的增生现象。慢性期主要表现为局限性感染性肉芽肿组织的增生（图9-3，彩图）。该肉芽肿可位于椎体内或邻近椎间盘的软骨下椎体骨质内。病变可继续扩大，侵及周围骨质、软骨板及椎间盘。最常见受累的是腰椎。感染性肉芽肿显微镜下可见上皮样细胞和类似郎罕巨细胞，周围有淋巴细胞及单核细胞。有少数发生坯及干酪样病变，偶见死骨。广泛的新骨形成是一特殊的表现。因椎间盘破坏，椎体间常呈骨性融合。

图 9-3 布氏杆菌病，脏器局限性感染性肉芽组织增生

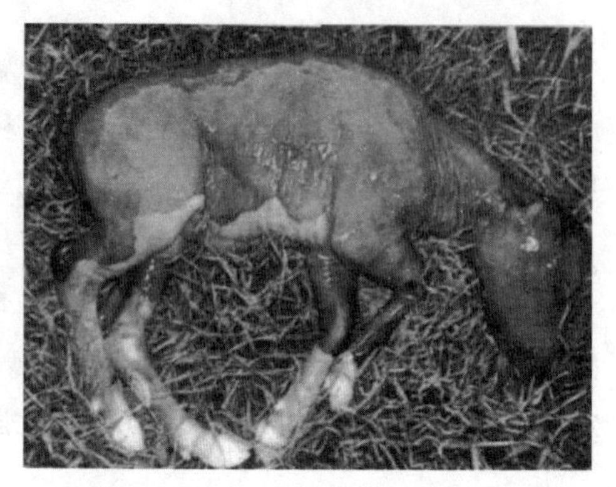

图 9-4 布氏杆菌病，妊娠母牛流产

四、症状

此病潜伏期 2 周至 6 个月。母牛被感染后，病菌首先侵害淋巴结，然后通过淋巴液和血液扩散到子宫、乳房和关节中，引起子宫炎、乳房炎和关节炎等，妊娠母牛多在妊娠 7～8 个月时流产（图 9-4，彩图）。流产发生数日前表现阴唇肿大、乳房膨胀、生殖道黏膜容易长出粟粒大小的红色结节、阴道排出灰白色或灰色的黏性分泌液。流产时胎水多清亮，但有时浑浊，含有脓样絮片并伴有恶臭味，胎衣不下和子宫疾病，致使母牛不易再受孕。已经发生过流产的母牛妊娠后再流产，一般比第一次流产的时间要迟，流产的胎牛大部分死亡。

公牛被感染后，常发生睾丸炎和附睾炎，睾丸肿大，产生的精液品质下降，最后丧失种用价值。有时还会发生关节炎，严重时则会影响公牛活动。

五、实验室诊断

1. 牛布氏杆菌的生物学性状

本菌属初次分离培养时多呈小球杆状，毒力菌株有菲薄的微荚膜，经传代培养渐呈杆状，革兰染色阴性。本菌为严格需氧菌。牛布氏杆菌在初次分离时，需在 5%～10% CO_2 环境中才能生长，最适温度 37℃，最适的 pH 6.6～7.1，营养要求高，生长时需硫胺素、烟酸、生物素、泛酸钙等，实验室常用肝浸液培养基或改良厚氏培养基，鸡胚培养也能生长。此菌生长缓慢，培养 48 小时后才出现透明的小菌落。

本菌在自然界中抵抗力较强。在病牛的脏器和分泌物中，一般能存活 4 个月左右。在食品中约能生存 2 个月。对低温的抵抗力也强，对热和消毒剂抵抗力弱。对链霉素、氯霉素和四环素等均敏感。

布氏杆菌具有两种抗原成分：A（牛布氏杆菌主要抗原成分）和 M（羊布氏杆菌主要抗原成分）。两种抗原在各种菌中含量不同，牛布氏杆菌含 A 抗原多，含 M 抗原少。羊布氏杆菌含 M 抗原多，含 A 抗原少。可利用凝集吸收试验制备出单因子血清——单价 A 或 M 血清，供菌种鉴定使用。

2. 微生物学检验

本菌传染性大，要注意防止实验室污染。

（1）分离培养　采集血液，慢性期采取骨髓，接种于双相肝浸液培养基（一半斜面，一半液体）置 37℃ 10% CO_2 环境中培养，每隔 2 天检查一次，如无细菌生长则摇荡培养基，使液体浸过斜面上。有细菌生长，可依鉴定项目确定是否为布氏杆菌。经 1 个月培养无细菌生长，可报告阴性。

（2）血清学检查　通常做凝集试验，判定凝集效价 1∶50 为可疑，1∶100 以上为阳性。效价增高 4 倍以上时，更有诊断价值。

六、防治

防治本病主要是保护健康牛群、消灭疫场的布氏杆菌病和培育健康幼畜三个方面，措施如下。

① 加强检疫，引种时检疫，引入后隔离观察 1 个月，确认健康后方能合群。

② 定期预防注射，如布氏杆菌 19 号弱毒菌苗或冻干布氏杆菌羊 5 号弱毒菌苗可于成年母牛每年配种前 1～2 个月注射，免疫期 1 年。

③ 严格消毒，对病牛污染的圈舍、运动场、饲槽等用 5%克辽林、5%来苏儿、10%～20%石灰乳或 2%氢氧化钠等消毒；病牛皮用 3%～5%来苏儿浸泡 24 小时后使用；乳汁煮沸消毒；粪便发酵处理。

第三节　牛蓝舌病

蓝舌病是以昆虫为传染媒介的反刍动物的一种病毒性传染病。其临床特征为发热、消瘦和口、鼻、胃黏膜的溃疡性炎症变化。

本病的分布很广，很多国家均有本病存在，我国 1990 年在甘肃省从黄牛分离出蓝舌病病毒，正式确定该病已在我国流行。

一、病原

蓝舌病病毒属于呼肠孤病毒科、环状病毒属，为一种双股 RNA 病毒，病毒基因组由 10 个分子质量大小不一的双股 RNA 片段组成。已知病毒有 24 个血清型，各型之间无交互免疫力。羊肾、胎牛肾、犊牛肾、小鼠肾原代细胞和继代细胞（BHK-21）都能培养增殖并产生蚀斑或细胞病变。也可用核酸探针进行鉴定。

二、流行病学

牛和山羊的易感性较低，多为隐性感染。绵羊易感，不分品种、性别和年龄，以 1 岁左右的绵羊最易感，吃奶的羔羊有一定的抵抗力。病牛是本病的传染源。病愈绵羊血液能带毒达 4 个月之久。本病主要通过库蠓传递，绵羊虱蝇也能机械传播本病。公牛感染后，其精液内带有病毒，可通过交配和人工授精传染给母牛。母牛病毒也可通过胎盘感染胎儿。该病的发生有严格的季节性，多发生在湿热的夏季和早秋，特别是池塘、河流较多的低洼地区。

三、症状

潜伏期为 3～8 天。病牛在病初体温升高可达 40.5～41.5℃，稽留 5～6 天，表现厌食、委顿，落后于牛群。流涎，口唇水肿，蔓延到面部和耳部甚至颈部、腹部。口腔黏膜充血，后发绀，呈青紫色。在发热几天后，口腔连同唇、齿龈、颊、舌黏膜糜烂，致使吞咽困难；随着病情发展，在溃疡损伤部位渗出血液，唾液呈红色，口腔发臭。鼻流炎性、黏性分泌物，鼻孔周围结痂，引起呼吸困难和鼾声。有时蹄冠、蹄叶发生炎症，触之敏感，呈不同程度的跛行，甚至膝行或卧地不动。病牛消瘦、衰弱，有的便秘或腹泻，有时下痢带血，早期有白细胞减少症。病程一般为 6～14 天，发病率 30%～40%，病死率 2%～3%，有时可高达 90%。患病不死的经 10～15 天痊愈，6～8 周后蹄部也恢复。妊娠 4～8 周的母牛遭受感染时，其分娩的犊牛中约有 20%发育缺陷，如脑积水、小脑发育不足、沟回过多等。

四、病理变化

主要见于口腔、瘤胃、心、肌肉、皮肤和蹄部。口腔出现糜烂和深红色区，舌、齿龈、硬腭、颊黏膜和唇水肿。瘤胃有暗红色区，表面有空泡变性和坏死。真皮充血、出血和水肿。肌肉出血，肌纤维变性，有时肌间有浆液和胶冻样浸润。呼吸道、消化道和泌尿道黏膜及心肌、心内外膜均有点状出血。严重病例出现消化道黏膜坏死和溃疡。脾通常大。肾和淋巴结轻度发炎和水肿，有时有蹄叶炎变化。

五、诊断

根据典型症状和病变可以作出临床诊断。为了确诊可采取病料进行人工感染，或通过鸡胚、乳鼠、乳仓鼠分离病毒，也可进行血清学诊断。血清学试验中，琼脂扩散试验、补体结合反应、免疫荧光抗体试验具有群特异性，可用于本病的定性诊断；中和试验具有型特异性，可用来区别蓝舌病病毒的血清型，也可采用 DNA 探针技术。

牛蓝舌病与口蹄疫、牛病毒性腹泻-黏膜病、恶性卡他热、牛传染性鼻气管炎、水疱性口炎、牛瘟等有相似之处，应注意鉴别。

（1）与牛病毒性腹泻（黏膜病）相似处　有传染性，体温高达 41℃，口唇糜烂，流涎，有时蹄叶炎、跛行。不同处：腹泻初粪如水，呈瓦灰色，恶臭，有时呈浅灰色糊状（此具特征性）。

（2）与恶性卡他热相似处　有传染性，体温高达 41～42℃，口腔糜烂，口鼻流黏液，呼吸增数。不同处：散发，口鼻黏液垂如线可及地面，涎臭，眼结膜角膜发炎，角膜浑浊，头肿大，角松。拉稀恶臭。

（3）与口蹄疫相似处　有传染性，体温高达 40～41℃，绝食，口黏膜糜烂、流涎，跛行。不同处：传播迅速，口黏膜先水疱后糜烂，蹄趾也发生水疱、糜烂，不发生蹄叶炎。

六、防治

1. 预防

对病牛要精心护理，严格避免烈日风雨，给予易消化的饲料，每天用温和的消毒液冲洗口腔和蹄部。预防继发感染可用磺胺药或抗生素，有条件时病牛或分离出病毒的阳性牛应予以扑杀；血清学阳性牛要定期复检，限制其流动，就地饲养使用，不能留作种用。严防用带毒精液进行人工授精。定期进行药浴、驱虫，控制和消灭本病的媒介昆虫（库蠓），做好场区的排水工作。

2.治疗

发生本病后首先要隔离病牛，使病牛安静，给予优质干草或青草，控制精料。另外在这个时期要考虑可能会出现“麻痹”，要采取多给饮水的措施。万一出现了麻痹症状，为了避免危险性极大的“误咽性肺炎”，要通过注射或输液给牛大量补充液体。

治疗过程中，在前驱症状阶段要尽量使牛保持安静，给予强心和补液。对出现麻痹症状的病牛，特别重要的是补液、强心、补给营养。为达到补液的目的，可用很快的速度静脉注射大量的林格液，但此法会增加心脏负担，应尽量避免。要想安全而快速地进行大量补液，进行腹腔注射较为方便。也就是说在右侧肷部中央刺入较粗的注射针头，然后连接注射器，只要空气出入很容易，说明针头正确刺入了腹腔，随后即可进行输液。

已经出现咽喉头麻痹时间较长的病牛，不但体液缺乏，而且瘤胃及消化道内的水分也缺乏，为了使消化道恢复正常，必须补给水分。在这种情况下为了防止误咽，必须用胃导管向瘤胃内注水，不适合用这种方法的时候要在左侧肷部中心点刺入套管针直接向瘤胃中注水。为了让水分在瘤胃内很好地停留下来，在几分钟内最好把牛头抬高，然后再慢慢放下。

第四节　牛传染性胸膜肺炎

牛传染性胸膜肺炎（又称牛肺疫）是由丝状支原体丝状亚种引起的一种高度接触性传染病，以渗出性纤维素性肺炎和浆液纤维素性胸膜肺炎为特征。

一、病原

病原体为丝状支原体，过去经常用的名称为类胸膜肺炎微生物。支原体多形，可呈球状、丝状、螺旋状与颗粒状。细胞的基本形状以球状为主，革兰染色阴性。本菌在加有血清的肉汤琼脂中可生长成典型菌落。

支原体对外界环境的抵抗力不强。暴露在空气中，特别在直射日光下，几小时即失去毒力，干燥、高温都可使其迅速死亡。但在病肺组织冻结状态能保持毒力1年以上，培养物冻干可保存毒力数年。对化学消毒药抵抗力不强，对青霉素和磺胺类药物、甲紫则有抵抗力。

二、流行病学

本病易感动物主要是牦牛、奶牛、黄牛、水牛、犏牛、驯鹿及羚羊。各种动物对本病的易感性依其品种、生活方式及个体抵抗力不同而有区别，发病率为60%～70%，病死率为30%～50%，山羊、绵羊及骆驼在自然情况下不易感染，其他动物及人无易感性。主要传染源是病牛及带菌牛。据报道，病牛康复15个月甚至2～3年后还能感染健牛。病原体主要由呼吸道随飞沫排出，也可由尿及乳汁排出，在产犊时还可由子宫渗出物排出。自然感染主要传播途径是呼吸道。当传染源进入健康牛群时，咳出的飞沫首先被邻近牛只吸入而感染，再由新传染源逐渐扩散。通过被病牛尿污染的饲料、干草，牛可经口感染。年龄、性别、季节和气候等因素对易感性无影响。饲养管理条件差、牛舍拥挤会促进本病的流行。牛群中流行本病时，流行过程常拖延甚久。舍饲者一般在数周后病情逐渐明显，全群患病要经过数月。带菌牛进入易感牛群，常引起本病的急性爆发，以后转为地方性流行。

三、临床症状

临床症状时间不一，短则8天，长可达4个月。症状发展缓慢者，常在清晨遇冷空气或冷饮刺激或在运动时，发生短促干咳，初始咳嗽次数不多，逐渐增多，继之食欲减退，反刍迟缓，泌乳减少，此症状易被忽视。症状发展迅速者则以体温升高0.5～1℃为最初表现。随病程发展，症状逐渐明显。按其经过可分为急性和慢性两型。

急性型症状明显而有特征性，体温升高到40～42℃，呈稽留热，干咳，呼吸加快而有呻吟声，鼻孔扩张，前肢外展，呼吸极度困难。由于胸部疼痛而不愿行动或下卧，呈腹式呼吸。咳嗽逐渐频繁，常是带有疼痛的短咳，咳声弱而无力、低沉而非干咳。有时流出浆液性或脓性鼻液，可视黏膜发绀。呼吸困难加重后，叩诊胸部可闻患侧肩胛骨后有浊音或实音区，上界为一水平线或微凸曲线。听诊患部，可听到湿性啰音，肺泡音减弱甚至消失，代之以支气管呼吸音，无病变部分则呼吸音增强，有胸膜炎发生时，则可听到摩擦音，叩诊可引起疼痛。病后期心脏常衰弱；脉搏细弱而快，每分钟可达80～120次，有时因胸腔积液，只能听到微弱心音甚至不能听到。此外还可见到胸下部及肉垂水肿，食欲丧失，泌乳停止，尿量减少而尿比重增加，便秘与腹泻交替出现。病牛体况迅速衰弱，眼球下陷，眼无神，呼吸更加困难，常因窒息而死。急性病程一般在症状明显后经过5～8天，约半数死亡；有些患牛病势趋于静止，全身状态改善，体温下降，逐渐痊愈；有些患牛则转为慢性。整个急性病程为15～60天。

慢性型多数由急性转来，也有开始即表现慢性经过者。除体况消瘦外多数无明显症状。偶发干性短咳，叩诊胸部可能有实音区。消化功能紊乱，食欲反复无常，此种患畜在良好护理及妥善治疗下可以逐渐恢复，但常成为带菌者。若病变区域广泛，则患畜日益衰弱，预后不良。

四、病理变化

特征性病变主要在胸腔。典型病例是大理石样肺和浆液纤维素性胸膜肺炎。肺和胸膜的变化，按发生发展过程，分为初期、中期和后期三个时期。

初期病变以小叶性支气管肺炎为特征。肺炎灶充血、水肿，呈鲜红色或紫红色。中期呈浆液性纤维素性胸膜肺炎，病肺肿大、增重，灰白色，多为一侧性，以右侧较多，多发生在膈叶，也有在心叶或尖叶者。切面有奇特的图案色彩，犹如多色的大理石，这种变化是由于肺实质呈不同时期的改变所致。肺间质水肿变宽，呈灰白色，淋巴管扩张，也可见到坏死灶。胸膜增厚，表面有纤维素性附着物，多数病例的胸腔内积有淡黄透明或混浊液体，多的可达10000～20000毫升，内混有纤维素凝块或凝片。胸膜常见有出血、肥厚（图9-5，彩图），并与肺病变部粘连，肺膜表面有纤维素附着物。心包膜也有同样变化，心包内有积液，心肌脂肪变性。肝、脾、肾无特殊变化，胆囊肿大。后期，肺部病灶坏死，被结缔组织包围，有的坏死组织崩解（液化），形成脓腔或空洞，有的病灶完全瘢痕化。本病病变还可见腹膜炎、浆液性纤维性关节炎等。

图9-5 牛传染性胸膜炎病，胸膜出血、肥厚

五、诊断

根据流行病学资料、临床症状及病理变化各方面综合诊断。如有典型胸腔病变，则结合流行病学资料及临床症状常可做出初步诊断。确诊有赖于血清学检查和细菌学检查。本病常用的血清学检查方法为补体结合试验。也可应用凝集反应

试验，此法操作较简便，但因凝集素在病牛体内持续时间短，故其准确性不如补体结合试验。在本病疫区，也有应用间接血凝试验、玻片凝集试验作为辅助诊断。细菌学检查时，取肺组织、胸腔渗出液及淋巴结等接种于10%马血清马丁肉汤及马丁琼脂，37℃培养2～7天，如有生长，即可进行支原体鉴定。

本病应与牛巴氏杆菌病、牛肺结核病等进行鉴别诊断。

肺炎型牛巴氏杆菌病主要表现为呼吸困难，痛苦干咳，有泡沫状鼻汁，后呈脓性。其症状较重，病死率较高。

牛肺结核病呈慢性经过，其病程较长，病牛主要表现为消瘦、无力、低热、食欲不振等症状。

六、防治

① 治疗本病可用新胂凡纳明（914）静脉注射。有人用土霉素盐酸盐试验性治疗本病，效果比914好，与链霉素联合治疗也有效果。其他抗生素如红霉素、卡那霉素、泰乐菌素等也可使用。但临床治愈的牛可长期带菌而成为传染源，故仍以淘汰病牛为宜。

② 本病预防工作应注意自繁自养，不从疫区引进牛只。必须引进时，对引进牛要进行检疫。做补体结合反应两次，证明为阴性者接种疫苗，经4周后启运，到达后隔离观察3个月，确诊无病时才与原有牛群接触。原牛群也应事先接种疫苗。

我国消灭牛肺疫的经验证明，根除传染源、坚持开展疫苗接种是控制和消灭本病的主要措施，即根据疫区的实际情况，扑杀病牛和与病牛有过接触的牛只，同时在疫区及受威胁区每年定期接种牛肺疫兔化弱毒苗或兔化绵羊化弱毒苗，连续3～5年。我国研制的牛肺疫兔化弱毒疫苗和牛肺疫兔化绵羊化弱毒疫苗免疫效果良好，曾在全国各地广泛使用，对消灭曾在我国长期存在的牛肺疫起到了重要作用。

第五节　牛放线菌病

这是由牛放线菌引起的牛的一种慢性或亚急性疾病。本病呈世界性分布，以出现组织增生、形成肿瘤（放线菌肿）和慢性化脓病变为特征。病变常见于骨组织尤其是下颌骨。其肿瘤常形成瘘管，向外排脓。脓液中有直径为3～4毫米的

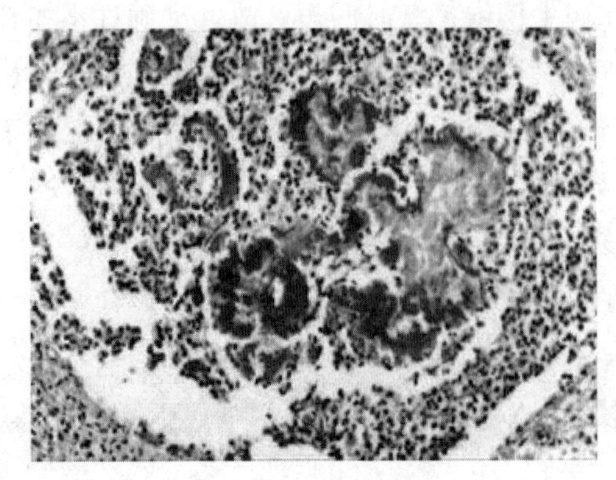

图 9-6 牛放线菌病，脓液中奶酪样颗粒（俗称硫黄颗粒）

奶酪样颗粒（俗称硫黄颗粒）（图 9-6，彩图），即放线菌菌簇，见之即可作出快速诊断。此菌对碘敏感，故用碘制剂外敷或用碘化钠静脉注射均有疗效。用磺胺和抗生素亦有效。

一、病原

本病病原为牛放线菌及林氏放线菌，此外，还有化脓棒状杆菌和金黄色葡萄球菌。这些细菌虽然在形态学和生物学方面各有不同，但在牛体内均可引起类似病变。

牛放线菌是牛的骨骼放线菌病和牛的乳房放线菌病的主要病原，是一种不运动、不形成芽孢的杆菌，有长成菌丝的倾向。在牛组织中呈现带有辐射状菌丝的颗粒性聚集物——菌芝，外观似硫黄颗粒，其大小如别针头，呈灰色、灰黄色或微棕色，质地柔软或坚硬。制片经革兰染色后，其中心菌体呈紫色，周围辐射状菌丝呈红色。这种细菌的抵抗力微弱。

林氏放线菌是皮肤和柔软器官放线菌病的主要病原菌，是一种不运动、不形成芽孢和荚膜的呈多形态的革兰阴性杆菌。在牛组织中也形成菌芝，无显著的辐射状菌丝，以革兰法染色后，中心与周围均呈红色。

化脓棒杆菌常引起颌骨的病变，金黄色葡萄球菌几乎是引起牛乳房病变的唯一病原菌，也是引起猪乳房病变的病原菌。

二、流行病学

本病主要侵害牛。以 2～5 岁幼龄牛最易患病，特别是换牙齿的时候。猪很少感染。在自然情况下，病菌能使绵羊、山羊甚至马患病。人也可感染此病。实验动物如豚鼠和家兔对牛放线菌略有敏感性，小白鼠不敏感。对于林氏放线杆菌，除豚鼠外，其他动物不敏感。

放线菌病的病原体存在于污染的土壤、饲料和饮水中，寄生于牛口腔和上呼吸道中。因此放线菌病只要黏膜或皮肤上有破损，便可以自行发生。实践观察，当给牛喂食带刺的饲料，如禾本科植物的芒、大麦穗、谷糠、麦秸等时，常使牛口腔黏膜损伤而感染。据观察，当将牛放牧于低湿地时，常见到本病的发生。本病呈散发性发生。

三、发病机理

病原体可在牛机体的受害组织中引起以慢性传染性肉芽肿为形式的炎症过程。在肉芽中心，可见含有放线菌芝的化脓灶（脓肿）。有时，炎症过程可采取单一的结缔组织显著增生的性质，而并不发生化脓的过程。由于结缔组织的增生，而发展成为肿瘤样赘生物——放线菌肿。当舌组织被侵害时常增长突破黏膜而形成溃疡。骨内肉芽增殖，破坏骨组织，引起骨梁崩解。由于骨质的不断破坏与新生而致骨质疏松、体积增大。另外在组织内由于白细胞游走，脓液内常含有硫黄样颗粒，以及化脓菌繁殖形成的脓肿或瘘管。

四、症状

牛常见上下颌骨肿大、界限明显（图 9-7，彩图）；肿胀进展缓慢，一般经过6～18个月才出现一个小而坚实的硬块，有时肿大发展很快，牵连整个头骨。肿部初期疼痛，晚期无痛觉。病牛呼吸、吞咽和咀嚼均感困难，很快消瘦。有时皮肤破溃，脓液流出，形成瘘管，长久不愈。头、颈、颌部组织也常出现硬结，不热不痛。舌和咽部组织变硬时，称为“木舌病”。病牛流涎，咀嚼困难。乳房患病时，呈弥散性肿大或有局灶性硬结，乳汁黏稠，混有脓液。马的症状主要发生于精索，呈现硬实、无痛觉的硬结。猪患本病时，乳头基部发生硬块，渐渐蔓延到乳头，引起乳房畸形，多系由于小猪牙齿咬伤而引起感染。

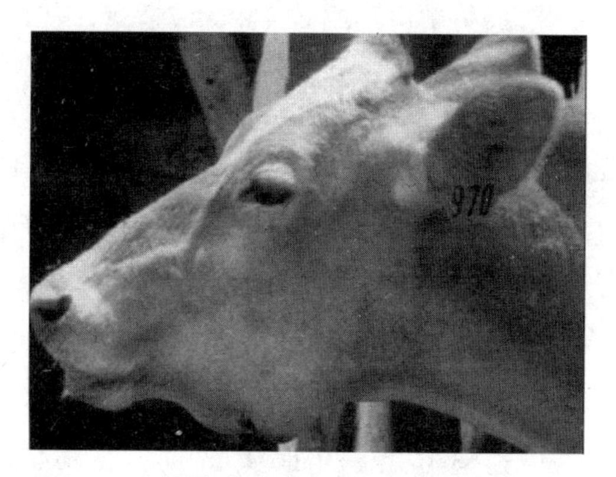

图 9-7　牛放线菌病，下颌骨肿大、界限明显

五、病理变化

由于放线菌病主要病理过程的性质不同（为渗出-化脓性或增生性），故本病的病型亦有不同。在受害器官的个别部分，有扁豆至豌豆大小的结节样生成物，这些小结节聚集而形成大结节，最后变成脓肿。

脓肿中含有乳黄色脓液，其中有菌芝。这种脓肿系由化脓性微生物增殖导致当细菌侵入骨骼（颌骨、鼻甲骨、腭骨等）时骨逐渐增大，状似蜂窝，这是骨质稀疏和再生性增生的结果。切面常呈白色，光滑，其中镶有细小脓肿。也可发现瘘管通过皮肤或引流至口腔，在口腔黏膜上有时可见溃烂，或呈蘑菇状生成物，圆形，质地柔软，呈褐黄色。病期长久的病例，肿块有钙化的可能。

六、防治

为了防止本病的发生，应避免在低湿地放牧。舍饲牛只最好于饲喂前将干草、谷糠等浸软，避免刺伤口黏膜。合理饲养管理及遵守兽医卫生制度，特别是防止皮肤、黏膜发生损伤，有伤口时及时处理、治疗，这些在本病的预防上均十分重要。

放线菌病的软组织和内脏器官病灶，经不断治疗，比较容易恢复。而骨质的改变则预后不良，因其既不能截除，也不能自然吸收。

治疗时，硬结可用外科手术切除，若有瘘管形成，要连同瘘管彻底切除。切除后的新创腔，用碘酊纱布填塞，每24～48小时更换一次。伤口周围注射10%碘仿醚或2%卢戈液。也可用烧烙法进行治疗。

处方1

① 10%碘仿醚或2%鲁戈液适量，伤口周围分点注射，创腔涂碘酊。

② 碘化钾5～10克，成牛一次口服，犊牛用2～4克，每天1次，连用2～4周。说明：重症可用10%碘化钠50～100毫升静脉注射，隔日1次，连用3～5次。如出现碘中毒现象，应停药6天。

③ 青霉素240万单位、链霉素300万单位，用注射用水20毫升溶解后，患部周围分点注射，每日1次，连用5天。

处方2

芒硝90克（后冲）、黄连45克、黄芩45克、郁金45克、大黄45克、栀子45克、连翘45克、生地黄45克、玄参45克、甘草24克，水煎，一次灌服。

处方3

针灸穴位：通关。针法：放血。说明：也可火针肿胀周围或火烙创口及其深部放线菌肿。

第六节　牛病毒性腹泻

牛病毒性腹泻（黏膜病）是由牛病毒性腹泻病毒（属于黄病毒科瘟病毒属）

引起的传染病，各种年龄的牛都易感染，以幼龄牛易感性最高。

本病特征是发热、鼻漏、咳嗽、水泻、消瘦、白细胞减少、消化道黏膜发炎糜烂及淋巴组织显著损害。

一、病原

牛病毒性腹泻（黏膜病）病毒为有套膜的 RNA 病毒，分类上属于披风病毒科、瘟疫病毒属，氯仿和乙醚处理可以灭活。电子显微镜摄影测知其为 35～55 纳米圆球形颗粒。在冻干或冰冻状态（－70～－60℃）下相当稳定，可以存活数年。

病毒可以在牛胎皮肤或肌肉细胞或在牛胎肾细胞培养物中繁殖。有的毒株有细胞致病作用，有的毒株则没有细胞致病作用。无细胞致病作用的毒株，可以由组织培养干扰现象或免疫荧光试验等方法给予证明。

病毒可以产生中和抗体和结合抗体。琼脂扩散试验，不论是病毒性腹泻抗血清或猪瘟抗血清，可与病毒性腹泻病毒抗原产生深沉反应。某些病毒株接种牛只后，可使之产生长期坚强免疫力，至少可达 12～16 个月。母牛免疫后，所生犊牛的抗体滴度可保持 6～9 个月。

本病毒与猪瘟病毒在免疫学上的关系是：在琼脂扩散试验中，彼此可以发生特异性沉淀反应，抗体可为异源抗原吸收。但在中和试验中则无交互中和作用。

二、流行病学

传染源主要为病牛，带毒牛作为传染源的作用还有待进一步探讨。在传染急性阶段分泌物与排泄物中含有病毒，传播方式则是直接接触或间接接触。人工感染如以病牛的粪喂牛，或以其血液、脾脏乳剂作静脉、肌内、皮下注射，或经鼻感染，均可使牛发病。

易感动物主要是牛，各种年龄的牛只对本病都有易感性，但幼龄犊牛易感性较高。绵羊、山羊在自然情况下能否感染本病尚未探知，但人工接种可以使绵羊、山羊、鹿、羚羊、仔猪、家兔感染。已经证明，猪可以自然感染，但无临床症状。

本病多发生于冬末春初。在牛群中的血清学检查提出，本病的感染率很高。在牛群的表现上，有时有很高的发病率而致死率不高，有时有较低的发病率而致死率很高。

三、症状

牛潜伏期在自然感染一般为7～10天，最短仅2天，最长可达14天。人工感染为2～3天。

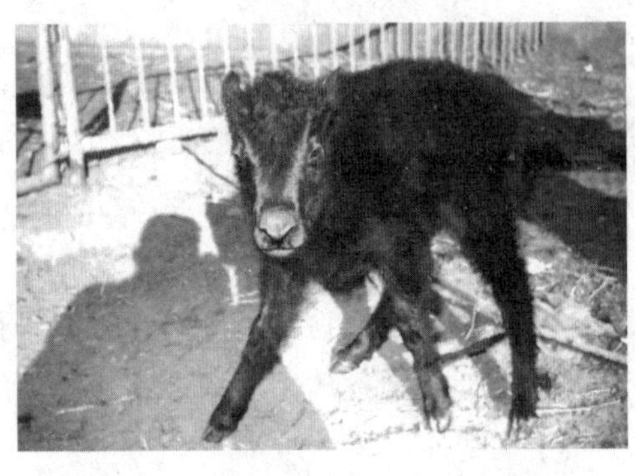

图9-8 牛病毒性腹泻，犊牛先天性缺陷

（1）急性型 多见于幼犊。表现高热，持续2～3天。腹泻，呈水样，粪带恶臭，含有黏液或血液。大量流涎、流泪，口腔黏膜（唇内、齿龈和硬腭）和鼻黏膜糜烂或溃疡，严重者整个口腔覆有灰白色的坏死上皮，像被煮熟样。孕牛可发生流产，犊牛先天性缺陷如小脑发育不全、失明等（图9-8，彩图）。

（2）慢性型 较少见，病程2～6个月，有的长达1年。病牛消瘦，呈持续或间歇性腹泻，里急后重，粪便带血或黏膜、鼻镜糜烂，但口腔内很少有糜烂。蹄叶发炎及趾间皮肤糜烂坏死，致使病牛跛行。

四、病理变化

主要在消化道和淋巴组织，口腔（口黏膜、齿龈、舌和硬腭）、咽部、鼻镜出现不规则烂斑、溃疡，以食管黏膜呈虫蚀样烂斑最具特征。流产胎儿的口腔、食管、真胃及气管内有出血斑及溃疡。小肠急性卡他性炎症，大肠有卡他性、出血性、溃疡性甚至不同程度的坏死性炎症，肠淋巴结肿大（图9-9，彩图）。犊牛运动失调，严重的可见到小脑发育不全及两侧脑室积水。

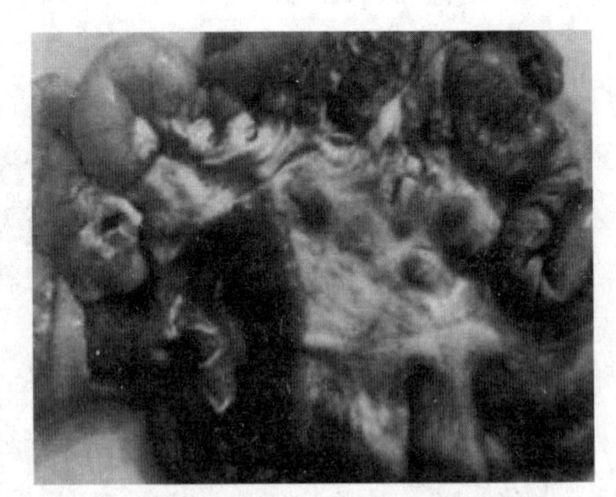

图9-9 牛病毒性腹泻，肠道病理性变化

五、诊断

观察临床症状，发病时多数牛不表现临床症状，牛群中只见少数轻型病例。

有时也引起全牛群突然发病。急性病牛，腹泻是特征性症状，可持续1～3周。粪便水样、恶臭，有大量黏液和气泡，体温上升。

本病确诊必须进行病毒分离或进行血清中和试验及补体结合试验，实践中以血清中和试验为常用。

六、防治

本病目前尚无有效治疗和免疫方法，只有加强护理和对症疗法，增强机体抵抗力，以促使病牛康复。

为控制本病的流行并加以消灭，必须采取检疫、隔离、净化、预防等兽医防制措施。预防上，我国已生产一种弱毒冻干疫苗，可接种不同年龄和品种的牛，接种后表现安全，14天后可产生抗体并保持22个月的免疫力。

第七节　牛结核病

牛结核病是由牛型结核分枝杆菌引起的一种人畜共患的慢性传染病。以组织器官的结核结节性肉芽肿和干酪样、钙化的坏死病灶为特征。世界动物卫生组织（OIE）将其列为B类疫病。

一、病原

结核分枝杆菌主要分三个型，即牛分枝杆菌（牛型）、结核分枝杆菌（人型）和禽分枝杆菌（禽型）。该病病原主要为牛型，人型、禽型也可引发本病。此外还有冷血牛型和鼠型，但对人、畜都无致病力。

结核杆菌的形态因不同的型稍有差异。人型结核菌是直的或微弯的细长杆菌，呈单独或平行相聚排列，多为棍棒状，间有分枝状。牛型结核菌比人型菌短粗，且着色不均匀。禽型结核菌短而小，呈多形性。

本菌不产生芽孢和荚膜，也不能运动，为革兰染色阳性菌。结核菌具有蜡质膜，不能用普通的苯胺染料染色，必须在染料中加入媒染物质。常用的方法为Ziehl-Neelsen抗酸染色法，一旦着色，虽用酸处理也不能使之脱色，所以又叫作抗酸性菌。

结核杆菌为严格需氧菌，生长最适pH值为：牛型菌5.9～6.9、人型菌7.4～8.0、禽型菌7.2。最适温度为37～38℃。初次分离结核杆菌时，生长缓慢，可用劳文斯坦-钱森培养基培养，经10～14天长出菌落。结核杆菌的菌落、毒力及耐药性可发生变异。典型的菌落为粗糙型、毒力强，而变异菌株菌落则呈光滑型、毒力弱。结核杆菌对外界的抵抗力很强，在土壤中可生存7个月，在粪便内可生存5个月，在奶中可存活90天。但对直射阳光和湿热的抵抗力较弱，60～70℃经10～15分钟、100℃水中立即死亡。常用消毒药经4小时可将其杀死，70％酒精、10％漂白粉、氯胺、苯酚、3％甲醛等均有可靠的消毒作用。

二、流行病学

结核病牛是主要传染源，结核杆菌在机体中分布于各个器官的病灶内，因病牛能由粪便、乳汁、尿及气管分泌物排出病菌，污染周围环境而散布传染。病菌主要经呼吸道和消化道传染，也可经胎盘传播或交配感染。牛对牛型菌易感，其中奶牛最易感，水牛易感性也很高，黄牛和牦牛次之；猪、鹿、猴也可感染；马、绵羊、山羊少见；人也能感染，且与牛互相传染。家禽对禽型菌易感，猪、绵羊少见。人对人型菌易感，牛、猪、狗、猴也可感染。

本病一年四季都可发生。一般说来，舍饲的牛发生本病较多。畜舍拥挤、阴暗、潮湿、污秽不洁，过度使役和挤乳，饲养不良等，均可促进本病发生和传播。

三、症状

本病潜伏期一般为10～15天，有的达数月以上。病程呈慢性经过，表现为进行性消瘦、咳嗽、呼吸困难，体温一般正常。因病菌侵入机体后，由于毒力、机体抵抗力和受害器官不同，症状亦不一样。在牛中本菌多侵害肺、乳房、肠和淋巴结等。

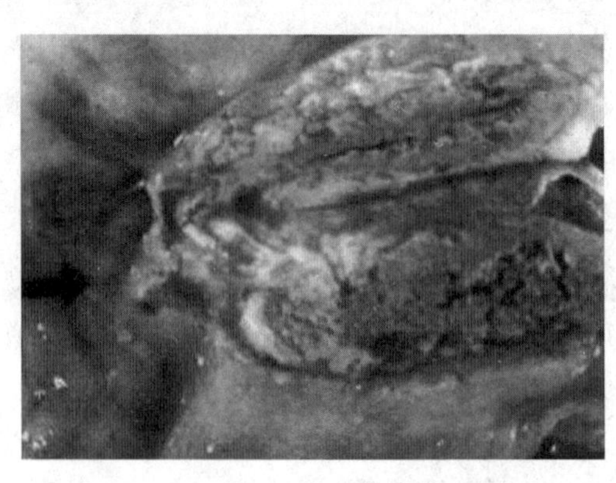

图9-10 牛结核病，乳房上淋巴结肿大

(1) 肺结核　病牛呈进行性消瘦，病初有短促干咳，渐变为湿性咳嗽。听诊肺区有啰音，胸膜结核时可听到摩擦音。叩诊有实音区并有痛感。

(2) 乳房结核　乳量渐少或停乳，乳汁稀薄，有时混有脓块。乳房淋巴结硬肿（图9-10，彩图），但无热痛。

（3）淋巴结核　不是一个独立病型，各种结核病的附近淋巴结都可能发生病变。淋巴结肿大，无热痛。常见于下颌、咽颈及腹股沟等淋巴结。

（4）肠结核　多见于犊牛，以便秘与下痢交替出现或顽固性下痢为特征。

（5）神经结核　中枢神经系统受侵害时，在脑和脑膜等可发生粟粒状或干酪样结核，常引起神经症状，如癫痫样发作、运动障碍等。

四、病理变化

特征病变是在肺脏及其他被侵害的组织器官形成白色的结核结节，呈粟粒至豌豆大小的灰白色、半透明状，较坚硬，多为散在。在胸膜和腹膜的结节密集状似珍珠，俗称“珍珠病”（图 9-11，彩图）。病期较久的，结节中心发生干酪样坏死或钙化，或形成脓腔和空洞。病理组织学检查，在结节病灶内可见到大量的结核分枝杆菌。

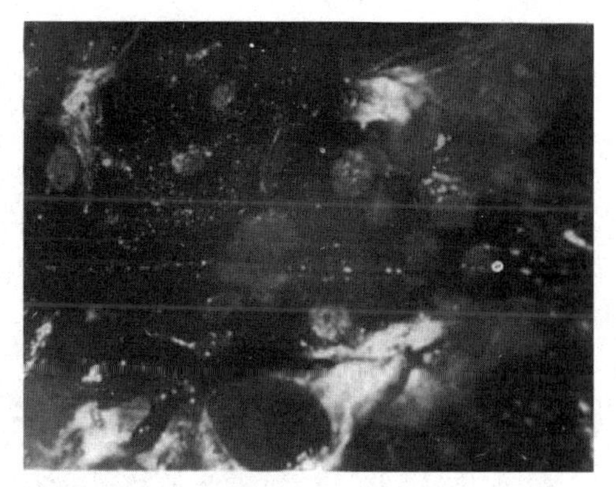

图 9-11　牛结核病，胸膜和腹膜上有密集结核结节，形似珍珠样

五、诊断

1. 临床诊断

根据临床症状和病理变化可做出初步诊断，确诊需进一步做实验室诊断。

2. 实验室诊断

在国际贸易中，指定诊断方法为结核菌素试验，无替代诊断方法。

（1）病原检查　显微镜检查（根据本菌的抗酸性特征，采用萋-尼染色或荧光抗酸染色，检查抗酸性杆菌）、病原分离鉴定（用选择性培养基分离，再通过培养和生化试验进行鉴定）、DNA 寡聚核苷酸探针或聚合酶链反应（测定培养分离物或可疑牛组织样品中的牛分枝杆菌 DNA）。

（2）迟发性过敏试验　皮内注射牛结核菌素，3 天后测量注射部位的肿胀程度（本法为测定牛结核病的标准方法，也为国际贸易指定的诊断方法）。

（3）血清学反应　淋巴细胞增生试验、γ-干扰素试验和酶联免疫吸附试验。

（4）病料采集　采集病变淋巴结（肺、咽后、支气管、纵隔、肝、乳房及肠系膜淋巴结）和病变器官（如肝、肺、脾等）。

六、防治

1. 治疗

发生阳性病牛后可用链霉素、异烟肼（雷米封）、对氨基水杨酸钠治疗，对病初期有所改善，但不能根治，而且疗程长、费用大，因此不是最可取的方法。尤其对开放性的结核病牛和经检疫呈现阳性的牛，必须进行彻底淘汰处理。同时用5%来苏儿或3%甲醛溶液对圈舍及周围环境进行一次彻底消毒。

2. 预防

主要采取定期检疫，每年春、秋两季用结核菌结合临床检查进行检疫，发现病牛按污染群对待；定期消毒，每年进行2～4次消毒，每次发现病牛或结核菌素阳性牛要进行一次大消毒；本病缺乏良好的疫苗，曾用卡介苗和鼠型结核菌种预防本病，虽都能产生一定的免疫力，但都欠理想。

第八节　牛沙门菌病

牛沙门菌病是由沙门菌属中的不同血清型感染各种牛而引起的多种疾病的总称。是常见的传染病，且在公共卫生上有重要意义。该菌属有58种O抗原、54种H抗原，个别菌还有Vi抗原，包括近2000个血清型。本病流行于世界各国，常导致肠炎，对幼畜、雏禽为害甚大，成年畜禽多呈慢性或隐性感染。患病牛与带菌牛是本病的主要传染源，经口感染是其最重要的传染途径，而饮用被污染的水则是传播的主要媒介物。各种因素均可诱发本病。

一、病原

本病菌为直短杆菌，长1～3微米，宽0.5～0.6微米，两端钝圆，不形成荚膜和芽孢，具有鞭毛，有运动性，为革兰阴性菌。本菌在变通培养基中能生长，为需氧兼厌氧性菌。在肉汤培养基中变混浊，而后沉淀，在琼脂培养基上24小时后生成光滑、微隆起、圆形、半透明的灰白色小菌落。

沙门菌能发酵葡萄糖、单奶糖、甘露醇、山梨醇、麦芽糖，产酸产气，不能发酵乳糖和蔗糖，由此可与其他肠道菌相区别。本菌抵抗力较强，60℃经1小时、70℃经20分钟、75℃经5分钟死亡。

对低温有较强的抵抗力，在琼脂培养基上于－10℃经115天尚能存活。在干燥的沙土可生存2～3个月，在干燥的排泄物中可保存4年之久，在0.1%升汞浴液、0.2%甲醛溶液、3%苯酚溶液中15～20分钟可被杀死。在含29%食盐的腌肉中，在6～12℃的条件下，可存活4～8个月。

二、流行特点

本病主要发生于10～14日龄以上的犊牛。犊牛发病后常呈流行性，而成年牛则为散发性。发病不分季节，但夏秋放牧时特多。病牛和带菌牛是本病的主要传染源，它们可从体内经常排出病原菌。病原菌潜藏于消化道和淋巴结组织，当外界不良因素、营养缺乏或其他病原感染而使机体抵抗力降低时，病原菌大量繁殖而发生内源性感染。病原菌连续感染易感牛，毒力增强而扩张传染。各种年龄的牛只均可发病，但以60天以内的犊牛最易感。病牛和带菌牛的粪便、尿液及流产胎儿、胎衣和羊水均可排出病菌，污染环境、牛舍、水源和草料而进行传播。此外，子宫内感染，鸟类和鼠类的粪便或尿液污染水源及草料，也可能传播本病。带菌母牛有时还可以通过乳汁排出病菌，病牛和健康牛交配或用病牛的精液进行人工授精也可以发生感染。未哺初乳、乳汁不良、断奶过早、过分拥挤、粪便堆积、长途运输、气候恶劣、寒冷潮湿、病毒或细菌感染、寄生虫侵袭等因素，可促使本病发生和传播。本病一年四季均可发生，但以放牧的潮湿季节多发。犊牛发病后传播迅速，往往呈地方流行性。

三、发病机理

据近年来的研究，沙门菌对人和牛的致病力与一些毒力因子有关，已知的有毒力质粒、内毒素以及肠毒素等。

（1）毒力质粒　正常情况下，大肠黏膜层固有的梭形细菌可产生挥发性有机酸而抑制沙门菌的生长。另外，肠道内的正常菌群可刺激肠道蠕动，也不利于沙门菌附着。当存在不良因素使牛处于应激状态以致肠道正常菌群失调时，可促使沙门菌迁居于小肠下端和结肠。曾经观察，经过长途运输的牛，其肠道的沙门菌迁居率大大增高。病菌迁居于肠道后，从回肠和结肠的绒毛顶端经刷状缘进入上皮细胞并在其中繁殖，感染邻近细胞或进入固有层继续繁殖，被吞噬而进入局部淋巴结。机体受病菌侵害，刺激前列腺素分泌，从而激活腺苷酸环化酶，使血管内的水分、HCO_3^-和Cl^-向肠道外渗而引起急性回肠炎和结肠炎，受害的绒毛充满中性粒细胞，后者也可随粪便排出。

最近的研究表明，上述引起肠炎所经历的细菌定居于肠道、侵入肠上皮组织和刺激肠液外渗三个阶段，与沙门菌所携带的毒力质粒有密切关系。毒力质粒是C. W. Jones于1982年首先在鼠伤寒沙门菌中发现的，随后在都柏林沙门菌、猪霍乱沙门菌中都发现了类似的质粒。用小鼠和鸡所做的试验证明，这种质粒可增强细菌对寄主肠黏膜上皮细胞的黏附与侵袭作用，提高细菌在网状内皮系统中的存活和增殖能力，并且与细菌的毒力呈正相关。

（2）内毒素　根据沙门菌菌落从S-R变异而导致的细菌毒力下降的平行关系可以说明，沙门菌细胞壁中的脂多糖是一种毒力因子。脂多糖是由一种为所有沙门菌共有的低聚糖芯（称为O特异键）和一种脂质A成分所组成。脂质A成分具有内毒素活性，可引发沙门菌性败血症，出现发热、黏膜出血、白细胞先减少继而增多、血小板减少、肝糖消耗、低血糖症，最后因休克而死亡。

（3）肠毒素　原来认为沙门菌不产生外毒素。最近有试验表明，有些沙门菌，如鼠伤寒沙门菌、都柏林沙门菌等，能产生肠毒素，并分为耐热的和不耐热的两种。试验表明，肠毒素是使牛发生沙门菌性肠炎的一种毒力因子。也有报告认为，肠毒素还可能有助于细菌的侵袭力。

四、症状

1. 犊牛的症状

犊牛常于被感染10～14天后发病，体温升高达41℃，脉搏、呼吸加快，排出恶臭稀粪，含有血丝或黏液，表现出拒食、卧地不动、迅速衰竭等症状。一般于病症出现后5～7天死亡，病死率可达60%。部分病牛可恢复，病程长的会出现关节炎和肺炎症状。多数犊牛于2～4周龄后发病，病初体温升高达40～41℃，脉搏、呼吸均增快，24小时后出现带有血液、黏液的恶臭下痢，脱水、消瘦、死亡，有的出现关节炎、支气管炎、肺炎等，耐过牛多数发育不良，通常于发病后5～7天死亡，病死率可达50%。

2. 成年牛的症状

成年牛以高热、昏迷、食欲废绝、脉搏增数、呼吸困难开始，体力迅速下降，粪便稀薄带血丝，不久即下痢，粪便恶臭，带有黏液或黏膜絮片。病牛腹痛剧烈，常用后肢蹬踢腹部，病程长的可见消瘦、脱水、眼球下陷、眼结膜充血发黄。妊娠牛会发生流产，从流产胎儿分离出沙门菌。个别成年牛有时表现为顿挫型经过，表现为发热、食欲减退、精神委顿，不久这些症状即可消失。高热，食欲废绝，脉搏频数，呼吸困难，衰竭，继之出现恶臭、含有黏膜、纤维素絮片的血痢，下痢后体温降至正常或略高，及时合理的治疗可降低死亡率，多于1～5

天内死亡，死亡率可高达50%～100%。妊娠母牛感染后可发生流产（多于6个月）。顿挫型牛经24小时症状减退，不见下痢，但从粪便中还可排菌数天，发病率可达80%，病死率13%。

五、病理变化

1. 犊牛的病理变化

急性死亡的犊牛，心壁、腹膜及胃肠黏膜出血，肠系膜淋巴结水肿或出血，肝脏、脾脏和肾脏都有坏死性病灶。关节受到损害的，腱鞘和关节腔内含有胶样液体。肺脏可见肺炎病灶区，多数呈败血症病理变化。最具特征性病变见于脾脏及肝脏。脾增大2～3倍，被膜紧张，有出血斑点及坏死灶。肝增大，可见针尖至针头大小的坏死结节（图9-12，彩图）。肠系膜淋巴结水肿、出血，心壁、腹膜及腺胃、小肠和膀胱黏膜有点状出血。慢性型肺呈卡他性-化脓性支气管肺炎，关节囊肿大，关节腔中有脓汁或浆液、纤维素性渗出物。

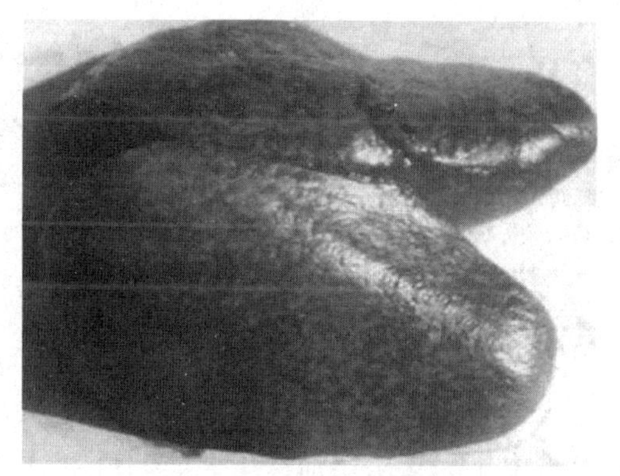

图9-12 牛沙门菌病，肝肿大，可见针尖或针头大小的坏死结节

2. 成年牛的病理变化

成年牛主要表现为出血性肠炎，肠黏膜潮红、出血，严重的肠黏膜发生脱落，大肠有局限性坏死区，肠系膜淋巴结不同程度水肿、出血，脾脏充血、增大，肝脏发生脂肪变性或有灶性坏死区。成年牛主要呈急性黏液性、坏死性或出血性肠炎的病理变化，特别是回肠和大肠，可见肠壁增厚，黏膜潮红、出血、坏死、脱落。其他病理变化同犊牛相似，流产母牛可见到子宫黏膜增厚，绒毛叶坏死，胎盘水肿。

六、诊断

1. 一般诊断

根据流行病学、临诊症状和病理变化，只能做出初步诊断。

2. 实验室诊断

发热期采取血和乳，下痢者采取粪便。对于急性死亡病例，可取脾、肝、肾、肺、肠系膜淋巴结等内脏组织和肠内容物做沙门菌的分离培养和鉴定。单克隆抗体和PCR技术也可对本病进行快速诊断。

(1) 病料采集　生前取血液、分泌物、排泄物；死后采血液、肝脏、脾脏、淋巴结及胸腔渗出液作为病料。

(2) 染色镜检　在显微镜下见到革兰阴性的直杆状细菌，有鞭毛，能运动。

(3) 分离培养　用普通琼脂、SS琼脂、麦康凯琼脂及鲜血琼脂培养后分离出沙门菌。

七、防治

1.预防

加强饲养管理，防止和减少应激，提高机体抗病力。防止鼠类污染饲料、水源。平时加强卫生管理，做到定期消毒，保持牛舍周边环境及舍内清洁卫生，严防外来牛移入。牛群一旦发病，首先要消除传染源，对病牛进行隔离并治疗，检查阳性牛及带菌牛。一般在1～2周内做三次直肠拭子的沙门菌检查，三次为阳性的为带菌牛。要作好预防治疗。另外对牛舍进行大消毒，彻底灭鼠，犊牛可以注射疫苗预防。预防本病常用加强饲养管理，消除发病诱因，保持饲料和饮水的清洁、卫生。采用添加抗生素的饲料添加剂，不仅有预防作用，还可促进牛的生长发育，但应注意地区性耐药菌株的出现，如发现对某种药物产生耐药性时，应改用其他药。治疗可选用药敏试验有效的抗生素，如土霉素、氯霉素等，并辅以对症治疗。磺胺类（磺胺嘧啶和磺胺二甲嘧啶）药物也有疗效，近年对该病治疗的新药较多，可根据具体情况选择使用。

2.治疗

土霉素，每天1～2克，连服2天。左氧氟沙星注射液，肌内注射，3～5毫克/千克体重，连用2～3天。对症治疗如强心补液（静注5%葡萄糖盐水，樟脑注射液）、补充维生素A和复合维生素B。新霉素对犊牛每天2～3克口服。对环境、用具用1∶600的百毒杀每天彻底消毒一次。对常发病的牛群，可用本地分离的致病菌株制备沙门菌多价灭活苗进行预防接种。

第九节　牛传染性鼻气管炎

牛传染性鼻气管炎（IBR）又称“坏死性鼻炎”或“红鼻病”，是1型牛疱疹病毒（BHV-1）引起的一种牛呼吸道接触性传染病。临床表现形式多样，以呼吸道症状为主，伴有结膜炎、流产、乳腺炎，有时诱发小牛脑炎等。急性 IBR 病毒呼吸道感染还可以继发细菌性肺炎。

此病目前在世界范围内流行，对乳牛的产奶量、公牛的繁殖力及役用牛的使役力均有较大影响。20 世纪 50 年代初，以传染性鼻气管炎症状为特征的疾病最先见于美国科罗拉多州的育肥牛群，随后相继出现于洛杉矶和加利福尼亚等地，并命名为牛传染性鼻气管炎。Madin 等于 1956 年首次从患牛分离到病毒后，一些研究者相继从病牛的结膜（1961）、外阴（1959）、大脑（1962）和流产胎儿（1964）中分离出病毒。Huck 于 1964 年确认牛鼻气管炎病毒属于疱疹病毒。1980 年我国从新西兰进口的奶牛中首次发现该病，并分离到一株牛传染性鼻气管炎病毒。随后经血清学调查证实，我国广东、广西、河北、河南、上海、山东、四川、甘肃、新疆、黑龙江和青海等地的黑白花乳牛、本地黄牛、水牛或牦牛均有 IBR 病毒存在。在一些交通极不便利的地区，IBR 病毒抗体阳性率极高。

一、病原

牛传染性鼻气管炎是由牛传染性鼻气管炎病毒或牛疱疹病毒 1 型引起，IBR 病毒在分类上属疱疹病毒科 α 疱疹病毒亚科。该病毒呈球形，带囊膜，成熟病毒粒子的直径为 150～220 纳米，主要由核心、衣壳和囊膜三部分组成。核心由双股 DNA 与蛋白质缠绕而成，包含基因组的核衣壳为立体对称的正二十面体，外观呈六角形，有 162 个壳粒，周围为一层含脂质的囊膜。双股 DNA 的相对分子质量为 8.4×10^6，其中 G＋C 百分比为 72％。IBR 病毒基因组是 138kb 的线性双股 DNA 分子，分成特异长区（UL，106kb）和短区（US，10kb），后者被两个反向重复序列（IRS、TRS，各为 11kb）包围，因而短区能够反转方向，使病毒 DNA 具有两种异构体。据测 IBR 病毒基因组可编码大约 70 个蛋白质，其结构和功能目前大部分已知，存在于病毒囊膜的 gB、gC、gD 和 gE 四个主要精蛋白基因已经测序并在哺乳牛中表达。gB 在哺乳牛细胞中的表达显示出引起细胞融合和多核体的形成，对病毒复制是必需的；gC 对病毒吸附组织培养细胞是重要的，但它在牛细胞内的表达并不影响病毒蚀斑的数量和病毒的存在；gD 被认为是病毒粒子表面和病毒感染细胞的主要分子，抗体糖蛋白的单克隆抗体在病毒吸附后中和病毒并显示出较高的中和滴度，表明 gD 可能参与病毒进入细胞，并为病毒复制非必需基因。鼠和牛的免疫试验显示出 gD 能够引起比 gB、gC 更强且持久的细胞免疫。

二、症状

自然感染潜伏期一般为4～6天，人工感染（气管内、鼻内、阴道滴注接种）时，潜伏期可缩短至18～72小时。可表现为以下类型。

（1）鼻气管炎 最常见的症状，有轻有重。病初高热（40～42℃），精神委顿，厌食，流泪，流涎，流黏脓性鼻液。母牛乳产量突然下降。鼻黏膜高度充血，呈火红色，并出现浅的黏膜坏死。呼吸高度困难，呼出气体恶臭，咳嗽不常见。一般经10～14天症状消失。

（2）角膜结膜炎 多与上呼吸道炎症合并发生，病初由于眼睑水肿和眼结膜高度充血，流泪，角膜轻度混浊，一般无溃疡，无明显的全身反应。重症病例，可见眼结膜形成灰黄色针头大小的颗粒（图9-13，彩图），致使眼睑黏着和眼结膜外翻。眼、鼻流浆性或脓性分泌物。

（3）传染性脓疱性阴道炎 病初轻度发热，食欲无影响，产奶量无明显改变。牛表现不安，频尿，排尿时因疼痛而尾部高举。外阴和阴道黏膜出血、潮红（图9-14，彩图），有时黏膜上面散在有灰黄色、粟粒大小的脓疱，阴道内见有多量的黏脓性分泌物。重症病例，阴道黏膜被覆假膜，并有溃疡。孕牛一般不发生流产。病程约2周。

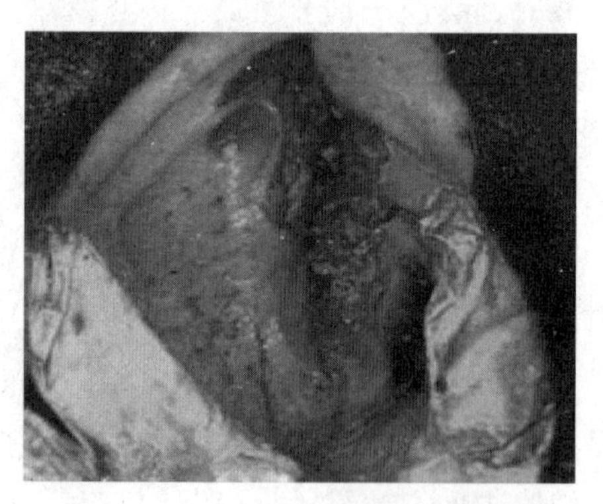

图9-13 牛传染性鼻气管炎，眼结膜形成灰黄色针头大小的颗粒

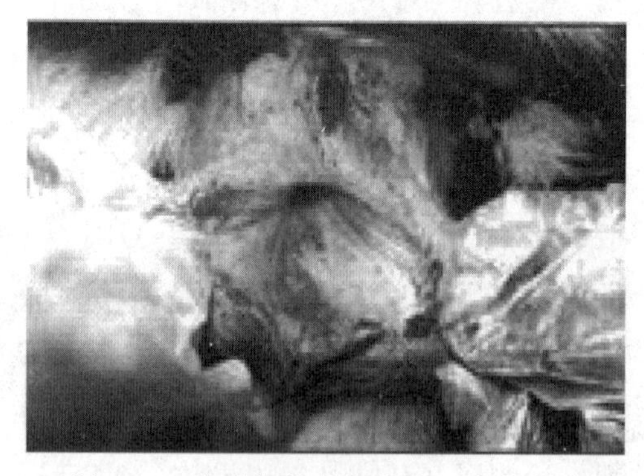

图9-14 牛传染性鼻气管炎，病牛阴道黏膜出血、潮红

（4）传染性龟头包皮炎 龟头、包皮、阴茎等充血，有时可见阴茎弯曲或形成溃疡等。多数病例见有精囊腺变性、坏死。通常在出现病变后1周开始痊愈，彻底痊愈需2周左右。若为种公牛，患病后3～4个月内失去配种能力，但可成为传染源，应及时淘汰。

（5）流产　一般见于初胎青年母牛妊娠期的任何阶段，有时亦见于经产牛。常于妊娠的第5～8个月发生流产，多无前驱症状，约有50%流产牛见有胎衣滞留，流产胎儿不见有特征性肉眼病变。

上述症状往往不同程度地同时存在，很少单独发生。

三、发病机理及病理变化

病毒常常经上呼吸道黏膜、生殖道黏膜侵入，还可经眼结膜上皮和软壳蜱侵入，是否经口腔感染仍未证实。经上呼吸道入侵的病毒沿黏膜、神经纤维、淋巴管扩散到邻近部位引起上呼吸道炎症、结膜炎。虽然血液的细胞成分在病毒复制、扩散中起重要作用，但很少观察到病毒血症。在病毒血症期间，病毒可侵入呼吸道深部、中枢神经系统、胎犊中，在这些部位引起病变，表现为发热性全身性呼吸器官疾病、脑膜脑炎或流产。因条件致病菌易在发炎的黏膜中繁殖，所以有时还可能发生继发性炎症病变如肺炎。

呼吸道病变表现在上呼吸道黏膜的炎症，窦内充满渗出物，黏膜上覆有黏脓性、恶臭的渗出物组成的假膜。在极少数病例中，肺小叶间水肿，一般不发生肺炎。组织学检查，黏膜面可见中性粒细胞浸润，黏膜下层有淋巴细胞、巨噬细胞及浆细胞浸润。在疾病早期，气管上皮细胞内见有Cowdry A型包涵体。

受侵害的消化道表现颊黏膜、唇、齿龈和硬腭溃疡（与黏膜病不同），在食管、前胃、真胃也可见同样的病变，肠表现卡他性炎症。组织学检查，上皮细胞空泡变性，派伊尔结坏死，肝可见坏死灶、核内包涵体。

生殖道型的病例，表现外阴、阴道、宫颈黏膜、包皮、阴茎黏膜的炎症，一些病例可发生子宫内膜炎。组织学检查，见有坏死灶区积聚大量中性粒细胞，坏死灶周围组织有淋巴细胞浸润，并能检出包涵体。

流产胎儿体内所见的肉眼变化几乎是由于死后所致。组织学检查，在肝、肺、脾、胸腺、淋巴结和肾等脏器常发生弥漫性的灶状坏死。由于胎儿物均系死后排出，因机体自溶，包涵体多已消失，很难检出。

患有脑膜脑炎的病例，除脑膜轻度充血外，眼观上无明显变化。组织学检查可见淋巴细胞性脑膜炎及由单核细胞形成血管套为主的病变。

四、诊断

本病的典型病例（上呼吸道炎）具有鼻黏膜充血、脓疱、呼吸困难、鼻腔流脓等特征性症状，结合流行病学，可做出初步诊断，但确诊必须依靠实验室诊断，包括病毒分离鉴定和血清学试验。通常检测血清样品中BHV1抗体的方法有病毒中和试验（VN）和各种酶联免疫吸附试验（ELISA）。另外，还有琼脂扩散试验和间接血凝试验。因为IBR病毒感染后一般发生病毒潜伏，所以，鉴定血清学中阳性牛是检查牛感染状态非常有用而且理想的指标。抗体阳性牛可认为是病毒携带者和潜在的间歇性排毒者，从初乳获得母源抗体的犊牛和经灭活疫苗免疫的非感染牛除外。

1. 病毒中和试验

中和试验是以测定病毒的感染力为基础的，以比较病毒受免疫血清中和后的残存感染力为依据，判定免疫血清中和病毒的能力。它被认为是血清抗体检测最标准的方法。IBR病毒只有1个血清型，只要有1个已知标准毒株的免疫血清，通过在敏感细胞培养后所进行的中和试验就可以作出鉴定，但该方法存在费时费力、试验周期长、易受不确定因素影响等缺点，病毒毒价的准确性、细胞量的多少及生长情况、病毒/血清孵育时间长短不同等因素将直接影响中和试验的结果，目前在检疫中该方法逐步被酶联免疫吸附试验（ELISA）所替代。

2. 酶联免疫吸附试验（ELISA）

ELISA法是将酶与抗原结合成酶标记物，这些酶标记物仍保持原有的免疫学活性和酶的活性，它可与吸附在固相载体上的抗体发生特异性结合，滴加底物溶液后，底物可在酶作用下使其所含的供氢体由无色的还原型变成有色的氧化型，出现颜色反应。因此，可通过底物的颜色反应来判定有无相应的免疫反应，颜色反应的深浅与标本中相应抗体量成正比，此种显色反应可通过ELISA检测仪进行定量测定。ELISA法因其具有快速、敏感、简便、易于标准化等优点，在大批量牛进口时作为首选方法被推广使用，但经长期应用发现，目前市场上已商品化的ELISA试剂盒或多或少存在有质量问题，出现假阳性或假阴性的概率较大，很难确保检疫质量，而且进口的试剂盒价格普遍偏高，无形中又增加了检疫的成本。

3. 琼脂扩散试验

可用已知的IBR抗原检查被检血清中的沉淀抗体，也可用IBR阳性血清来检测病料标本或细胞培养物中的相应抗原。

4. 间接血凝试验

将已知抗原结合在鞣酸处理的绵羊红细胞上，采用常规的试管凝集法或微量凝集法来检查被检测血清中的相应抗体，这是一种简便、快速、实用的诊断方法。由于IBR病毒有潜伏感染性，自然感染病牛中和抗体滴度在感染2周时才达到高峰，并且在持续 2 周或 4 周后即逐渐下降，且可能降到零，进入潜伏感染期。此后，一旦应激因素刺激，抗体滴度又上升，并排毒，如此反复，IBR 感染牛的抗体滴度也随之呈现波浪式的起伏。因此，即便通过中和试验或 ELISA 法判定牛群 IBR 抗体呈阴性反应，仍难保证牛群确实无 IBR 病毒感染。由此可认为，要确定 1 个牛群是否有 IBR 病毒感染的最根本方法应当是检测 IBR 抗原。

五、防治

病牛和带毒牛为主要的传染源，常由于冬季牛群过于拥挤，牛之间密切接触，造成牛传染性鼻气管炎的传播。防止牛传染性鼻气管炎病必须采取检疫、隔离、封锁、消毒等综合性措施。加强饲养管理，严格检疫制度，不从有病地区引进牛。从国外引进的牛，必须按照规定进行隔离观察和血清学试验，证明未被感染方准入境。发病时，应立即隔离病牛，使用广谱抗生素防止细菌继发感染，再配合对症治疗以减少死亡。牛康复后可获得免疫力，对未被感染的牛可接种弱毒疫苗或灭活疫苗。免疫母牛所产的犊牛血清中可检出母源抗体，有效期可持续 4 个月，母源抗体的干扰可影响主动免疫的产生，在牛群免疫时应注意这一问题。

第十节　牛气肿疽

气肿疽俗称黑腿病或鸣疽，是一种由气肿疽梭菌引起的反刍动物的一种急性败血性传染病。其特征是局部骨骼肌的出血坏死性炎、皮下和肌间结缔组织出血性炎，并在其中产生气体，压之有捻发者，严重者常伴有跛行。

一、病原

本病病原是气肿疽梭菌，革兰阳性，有周身鞭毛能运动，在体外可形成芽孢，专性厌氧，芽孢的抵抗力极强，在土壤中可存活 3 年以上，在液体中的芽孢可耐受 20 分钟煮沸，0.2%升汞在 10 分钟内杀死芽孢，3%福尔马林 15 分钟杀死，在盐腌肌肉中可存活 2 年以上，在腐败肌肉中可存活 6 个月。在自然条件下，气肿疽主要侵害黄牛。

本病的传染源主要是病牛，传播途径是土壤。病牛体内的病菌进入土壤，以芽孢形式长期生存于土壤，牛采食被这种土壤污染的饲料和饮水，经口腔和咽喉创伤侵入组织，也可由松弛或微伤的胃肠黏膜侵入血流而感染全身。

本病流行地区的牛在6月龄至3岁间容易感染，但幼犊或其他年龄的牛也有发病的，肥壮牛似比瘦牛更易患病。

气肿疽梭菌为两端钝圆的粗大杆菌，长2～8微米，宽0.5～0.6微米。能运动、无荚膜，在体内外均可形成芽孢，能产生不耐热的外毒素。芽孢抵抗力强，可在泥土中保持5年以上，在腐败尸体中可存活3个月。在液体或组织内的芽孢经煮沸20分钟、0.2%升汞10分钟或3%福尔马林15分钟方能杀死。

二、流行特点

自然感染一般多发于黄牛、水牛、奶牛、牦牛，犏牛易感性较小。发病年龄为0.5～5岁，尤以1～2岁多发，死亡居多。猪、羊、骆驼亦可感染。病牛的排泄物、分泌物及处理不当的尸体，污染的饲料、水源及土壤会成为持久性传染来源。

该病传染途径主要是消化道，深部创伤感染也有可能。本病呈地方性流行，有一定季节性，夏季放牧（尤其在炎热干旱时）时容易发生，这与蛇、蝇、蚊活动有关。

三、症状

潜伏期3～5天，最短1～2天，最长7～9天，牛发病多为急性经过，往往突然发病，体温可达41～42℃，早期出现轻度跛行，食欲和反刍停止。相继在多个肌肉部位发生肿胀，初期热而痛，后来中央变冷且无痛。患病部皮肤干硬呈暗红色或黑色，有时形成坏疽，触诊有捻发音，叩诊有明显鼓音。切开患部皮肤，从切口流出污红色带泡沫酸臭液体，这种肿胀发生在腿上部（图9-15，彩图）、臀部、腰、荐部、颈部及胸部。此外局部淋巴结肿大。食欲和反刍停止，呼吸困难，脉搏快而弱，最后体温下降或稍回升。一般病程1～3天死亡，也有延长到10天的。若病灶发生在口腔，腮部肿胀有捻发音。发生在舌部时，舌肿大伸出口外。老牛发病症状较轻，中等发热，肿胀也轻，有时有疝痛臌气，可能康复。

主要病理表现尸体显著膨胀，鼻孔流出血样泡沫，肛门与阴道口也有血样液体流出，肌肉丰满部位有捻发音。皮肤表现部分坏死。皮下组织呈红色或黄色胶样，有的部位杂有出血或小气泡。胸、腹腔及心包有红色、暗红色渗出液。

四、病理变化

尸体迅速腐败和臌胀，天然孔常有带泡沫血样的液体流出，患部肌肉黑红色

（图 9-16，彩图），肌间充满气体，呈疏松多孔的海绵状，有酸败气味。局部淋巴结充血、出血或水肿。肝、肾呈暗黑色，常因充血稍肿大，还可见到豆粒至核桃大小的坏死灶；切面有带气泡的血液流出，呈多孔海绵状。其他器官常呈败血症的一般变化。

图 9-15 牛气肿疽，患牛腿上部肿胀

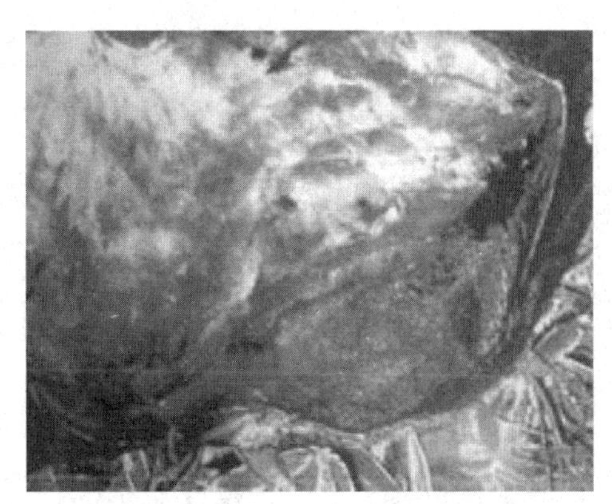
图 9-16 牛气肿疽，患部肌肉黑红色

五、诊断

切开肿胀部位，肌肉呈红褐色变化。根据流行特点、典型症状及病理变化可作出初步诊断。其病理诊断要点为：①丰厚肌肉的气性坏疽和水肿，有捻发音。②丰厚肌肉切面呈海绵状，且有暗红色坏死灶（图 9-16，彩图）。③丰厚肌肉切面有含泡沫的红色液体流出，并散发酸臭味。

炭疽、巴氏杆菌病及恶性水肿也有皮下结缔组织的水肿变化，应与气肿疽相区别。炭疽、巴氏杆菌病与气肿疽的区别：炭疽病主要是皮下胶样浸润；巴氏杆菌病主要是病牛尸检可见咽喉部、下颌间、颈部与胸前皮下发生明显的凹陷性水肿，手按时出现明显压痕。气肿疽与恶性水肿的区别：恶性水肿的发生与皮肤损伤病史有关，恶性水肿主要发生在皮下且部位不定，恶性水肿无发病年龄与品种区别。

六、防治

1. 预防

本病的发生有明显的地区性，有本病发生的地区可用疫苗预防接种，这是控制本病的有效措施。病牛应立即隔离治疗，死牛禁止剥皮吃肉，应深埋或焚烧。

病牛厩舍围栏、用具或被污染的环境用3%福尔马林或0.2%升汞液消毒，粪便、污染的饲料、垫草均应焚烧。在流行的地区及其周围，每年春秋两季进行气肿疽甲醛菌苗或明矾菌苗预防接种。

2. 治疗

对发病病牛，要实施隔离、消毒等卫生措施。死牛不可剥皮食肉，宜深埋或烧毁。早期全身治疗可用抗气肿疽血清150～200毫升，重症患牛8～12小时后再重复一次。实践证明，气肿疽可应用青霉素肌内注射，每次500万～1000万单位，每日2次；或四环素静脉注射，每次2～3克，溶于5%葡萄糖2000毫升，每日1～2次；会收到良好的作用。早期肿胀部位的局部治疗可用0.25%～0.5%普鲁卡因溶液10～20毫升溶解青霉素300万～500万单位，在肿胀部位周围分点注射，可收到良好效果。

第十一节　牛巴氏杆菌病

牛巴氏杆菌病是由多杀性巴氏杆菌引起的一种败血性传染病。急性经过主要以高热、肺炎或急性胃肠炎和内脏广泛出血为主要特征，呈败血症和出血性炎症，故称牛出血性败血病，简称牛出败。

一、病原

多杀性巴氏杆菌是一种两端钝圆、中央微凸的球状短杆菌，多散在，不能运动，不形成芽孢。革兰染色呈阴性；用碱性亚甲蓝或瑞氏染血片或脏器涂片，呈两极浓染，故又称两极杆菌，两极浓染的染色特性具诊断意义。该菌抵抗力弱，在干燥空气中仅存活2～3天，在血液、排泄物或分泌物中可生存6～10天，但在腐败尸体中可存活1～6个月；阳光直射下数分钟死亡，高温立即死亡；一般消毒液均能杀死，对磺胺、土霉素敏感。

二、流行特点

本菌为条件病原菌，常存在于健康动物的呼吸道，与宿主呈共栖状态。当牛饲养管理不良时，如寒冷、闷热、潮湿、拥挤、通风不良、疲劳运输、饲料突变、营养缺乏、饥饿等因素使机体抵抗力降低时，该菌乘虚侵入体内，经淋巴液进入血液引起败血症，发生内源性传染。病牛由其排泄物、分泌物不断排出有毒力的病菌，污染饲料、饮水、用具和外界环境，主要经消化道感染，其次可通过飞沫经呼吸道感染健康牛，亦有经皮肤伤口或蚊蝇叮咬而感染的。该病常年可发生，在气温变化大、阴湿寒冷时更易发病；常呈散发性或地方流行性发生。

三、症状

本病潜伏期通常为2～5天。根据临床表现，本病常表现为急性败血型、浮肿型、肺炎型。

（1）急性败血型　病牛初期体温可高达41～42℃，精神沉郁、反应迟钝、肌肉震颤，呼吸、脉搏加快，眼结膜潮红，食欲废绝，反刍停止。病牛表现为腹痛，常回头观腹，粪便初为粥样，后呈液状，并混杂黏液或血液且具恶臭。一般病程为12～36小时。

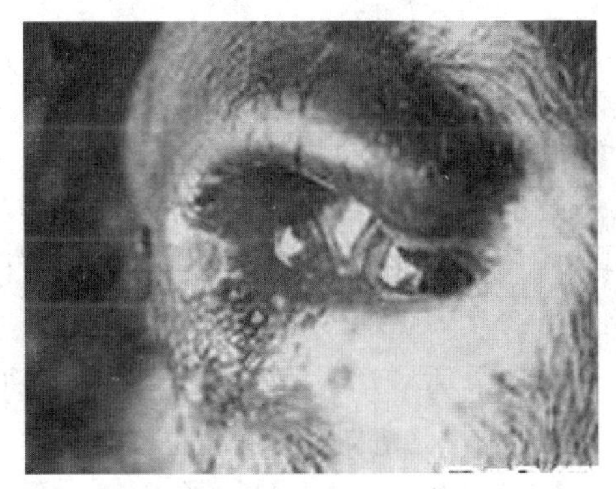

图9-17　牛巴氏杆菌病，眼红肿、流泪，有急性结膜炎

（2）浮肿型　除表现全身症状外，特征症状是颌下、喉部肿胀，有时水肿蔓延到垂肉、胸腹部、四肢等处。眼红肿、流泪，有急性结膜炎（图9-17，彩图）。呼吸困难，皮肤和黏膜发绀、呈紫色至青紫色，常因窒息或下痢虚脱而死。

（3）肺炎型　主要表现纤维素性胸膜肺炎症状。病牛体温升高，呼吸困难，痛苦干咳，有泡沫状鼻涕，后呈脓性。胸部叩诊呈浊音，有疼感。肺部听诊有支气管呼吸音及水泡性杂音。眼结膜潮红，流泪。有的病牛会出现带有黏液和血块的粪便。本病型最为常见，病程稍长，一般为3～7天。

四、病理变化

败血型牛出败主要呈全身性急性败血症变化，内脏器官出血，浆膜与黏膜以及肺、舌、皮下组织和肌肉出血。浮肿型主要表现为咽喉部急性炎性水肿，病牛尸检可见咽喉部、下颌间、颈部与胸前皮下发生明显的凹陷性水肿，手按时出现明显压痕；有时舌体肿大并伸出口腔。切开水肿部会流出微混浊的淡黄色液体。上呼吸道黏膜呈急性卡他性炎；胃肠呈急性卡他性或出血性炎；颌下、咽背与纵隔淋巴结呈急性浆液出血性炎。肺炎型牛出败主要表现为纤维素性肺炎和浆液纤维素性胸膜炎。肺组织颜色从暗红、炭红到灰白，切面呈大理石样病变。胸腔积聚大量有絮状纤维素的渗出液。此外，还常伴有纤维素性心包炎和腹膜炎。

五、诊断

1. 临床诊断

根据病牛高热、鼻流黏脓分泌物、肺炎等典型症状，可作出初步诊断。败血型常见多发性出血，浮肿型常见咽喉部水肿，肺炎型主要表现肺两侧前下部有纤维素性肺炎和胸膜炎。如需确诊，应做实验室检查。

2. 实验室诊断

(1) 病料采取　生前可采取血液、水肿液等；死后可采取心血、肝、脾、淋巴结等。

(2) 直接镜检　血液作推片，脏器以剖面作涂片或触片，亚甲蓝或瑞氏染色，镜检，如发现大量的两极染色的短小杆菌，革兰染色，为革兰阴性、两端钝圆的短小杆菌，即可初诊。

(3) 分离培养　无菌采取病料，接种于血液琼脂平板和麦康凯琼脂，37℃培养 24 小时，此菌在麦康凯琼脂上不生长，在血液琼脂平板可见有淡灰白色、圆形、湿润、不溶血的露珠样小菌落。涂片染色镜检，为革兰阴性小杆菌。必要时再进一步做生化试验鉴定。

(4) 鉴别诊断　对于急性死亡的病牛，应注意与炭疽、气肿疽、恶性水肿病区别。对于肺部病变还应与牛肺疫等辨别。巴氏杆菌病因有高热、肺炎、局部肿胀以及死亡快等特点，易与炭疽、气肿疽和恶性水肿相混淆，应注意鉴别。

① 炭疽：炭疽病牛临死前常有天然孔出血，血液呈暗紫色，凝固不良，呈煤焦油样，死后尸僵不全，尸体迅速腐败；脾脏可比正常大 2～3 倍，将血液或脾脏做涂片，革兰或瑞氏染色，可见菌体为革兰阳性、两端平直、竹节状、粗大、带有荚膜的炭疽杆菌。而巴氏杆菌病则没有上述病理变化，可见菌体为革兰染色阴性、两端浓染的、细小的球杆菌。

② 恶性水肿：多发生于外伤、分娩和去势之后，伤口周围呈气性、炎性肿胀，病部切面苍白，肌肉呈暗红色，肿胀部触诊有轻度捻发音。以尸体的肝表面做压印片染色镜检，可见革兰阳性、两端钝圆的大杆菌。

③ 气肿疽：多发生于 4 岁以下的牛，肿胀主要出现在肌肉丰满的部位，呈炎性、气性肿胀，手压柔软，有明显的捻发音。切开肿胀部位，切面呈黑色，从切口流出污红色带泡沫的酸臭液体。肿胀部的肌肉内有暗红色的坏死病灶。由于

气体的形成，肌纤维的肌膜之间形成裂隙，横切面呈海绵状。实验室检验，气肿疽梭菌菌体为两端钝圆的大杆菌。目前气肿疽在我国已基本上得到控制。

六、防治

预防牛出败主要是加强饲养管理，避免各种应激，增强抵抗力，定期接种疫苗。

发病后对病牛立即隔离治疗：可选用敏感抗生素对病牛注射，如氧氟沙星肌内注射，3～5毫克/千克体重，连用2～3天；恩诺沙星肌内注射，2.5毫克/千克体重，连用2～3天。消毒圈舍，每日2～3次。未发病牛紧急注射牛出败疫苗。

第十二节 牛瘟

牛瘟又名烂肠瘟、胆胀瘟，是由牛瘟病毒所引起的一种急性高度接触性传染病，其临床特征为体温升高，病程短，黏膜特别是消化道黏膜发炎、出血、糜烂和坏死。世界动物卫生组织（OIE）将其列为A类疫病。

一、病原

牛瘟病毒是一种具感染性的牛病毒，会引起牛瘟。这种病毒性疾病主要传染于水牛之间，但其他野生品种也有致病的记录。科学家相信，它最早起源于亚洲，后传播至中东、欧洲及非洲。症状是牛高热、口部溃烂、腹泻、淋巴坏死，有很高的致死率。

病毒比较脆弱，干燥暴晒易灭活病毒，但在湿冷或冷冻的组织中可存活很长时间。56℃ 60分钟或60℃ 30分钟能被灭活，但少数病毒能抵抗。在pH 4.0～10.0稳定。对脂溶剂敏感。对多数普通消毒剂如苯酚、甲酚、氢氧化钠敏感。

二、流行病学

牛瘟在公元4世纪就有记载，是古老的牛传染病之一。欧洲学者认为牛瘟起源于亚洲。该病曾广泛分布于欧洲、非洲、亚洲，但从未在美洲、澳大利亚、新西兰出现。该病主要流行于中东和南亚、中亚地区。我国于1956年消灭了牛瘟。

牛、牦牛、水牛、瘤牛以及野生动物（非洲水牛、非洲大羚羊、大弯角羚、角马、各种羚羊、豪猪、疣猪、长颈鹿）等，不分年龄和性别对本病均易感，尤以牦牛最易感，黄牛和水牛次之。其他动物如绵羊、山羊、鹿以及猪也易感。亚洲猪比欧洲、非洲猪易感；骆驼科动物极少感染。

病毒经消化道传染，也可经呼吸道、眼结膜、上皮组织等途径侵入。主要通过直接接触传染，也可通过密切接触的物体、昆虫间接传播，但不是主要方式。

病牛为主要传染源。潜伏期牛（发热期前1～2天）的眼、鼻分泌物及唾液、尿液、粪便也可传染；无症状但已被感染牛的血液及所有组织均具传染性。

该病具明显的周期性和季节性，以12月份至次年4月份为流行季节。具很高的发病率及死亡率，发病率近100%，病死率一般为25%～50%，可高达90%以上。

三、发病机理

牛瘟病毒通过消化道侵入血液和淋巴组织，主要在脾和淋巴结中迅速繁殖，然后传遍全身各组织内。一般在病牛发热前一天出现病毒血症，牛体温越高，血中含毒量越大；约在中等浓度时即可引起宿主的组织变化，出现症状。

牛瘟病毒主要破坏上皮细胞，对淋巴细胞具有同样的选择亲和性，并予以破坏。

四、临床症状

潜伏期一般为3～15天。

（1）急性型　新发地区、青年牛及新生牛常呈最急性发作，无任何前驱症状即死亡。病牛突然高热（41～42℃），稽留3～5天不退。黏膜（如眼结膜，鼻、口腔、性器官黏膜）充血潮红。流泪、流涕、流涎，呈黏脓状。在发热后第3～4天口腔出现特征性变化，口腔（齿龈、唇内侧、舌腹面）黏膜潮红，迅速出现大量灰黄色粟粒大小的突起，状如撒层麸皮，逐渐互相融合形成灰黄色假膜，脱落后露出糜烂或坏死，呈现形状不规则、边缘不整齐、底部深红色的烂斑，俗称地图样烂斑（图9-18，彩图）。高热过后严重腹泻，里急后重，粪稀如浓汤、带血，恶臭异常，内含黏膜和坏死组织碎片。尿频，色

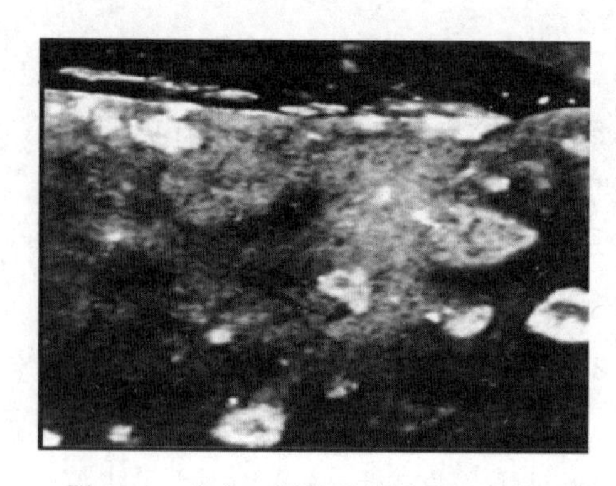

图9-18　牛瘟，假膜脱落后呈现形状不规则、边缘不整齐、底部深红色的烂斑，俗称地图样烂斑

呈黄红或黑红。从腹泻起病情急剧恶化，迅速脱水、消瘦和衰竭，不久死亡。病程一般 4～10 天。

（2）非典型及隐性型　长期流行地区多呈非典型性，病牛仅呈短暂的轻微发热、腹泻和口腔变化，死亡率低。或呈无症状隐性经过。

五、病理变化

牛瘟病毒对上皮细胞和淋巴细胞有亲和性，所有淋巴器官损害严重，特别是肠系膜和与肠有关的淋巴组织。典型病例尸体外观呈脱水、消瘦、污秽和恶臭。剖检可见消化道黏膜严重炎症并坏死，口腔、第四胃、肠道、上呼吸道黏膜坏死、糜烂或充血、出血。小肠黏膜潮红、水肿，有出血点。淋巴结肿胀、坏死。大肠呈程度不同的出血或烂斑，覆盖灰黄色假膜，形成特征性的“斑马条纹”。胆囊增大 1～2 倍，充满大量绿色稀薄胆汁，黏膜有出血点。淋巴结水肿肿胀。

六、诊断

在国际贸易中检测的指定诊断方法为酶联免疫吸附试验，替代诊断方法为病毒中和试验。

（1）病原鉴定　用于抗原检测方法有琼脂凝胶免疫扩散试验、直接和间接免疫过氧化物酶试验、对流免疫电泳；用于病毒分离和鉴定方法有病毒分离、病毒中和试验；用于检测病毒 RNA 方法有牛瘟特异性 CDNA 探针和 PCR 扩增。

（2）血清学试验　酶联免疫吸附试验（ELISA）、病毒中和试验。

（3）病料采集　用于病原分离鉴定宜采集全血，加肝素（10 单位/毫升）或 EDTA（0.5 毫克/毫升）抗凝，置冰上（但不能冻结）送检；或刚死亡牛的脾、肩前或肠系膜淋巴结，置 0℃以下保存待检；眼、鼻分泌物拭子（在前驱期或糜烂期采集）。用于血清学检验宜采集血清。

七、防治

疫区及受威胁区可采用细胞培养弱毒疫苗进行免疫，也可采用牛瘟/牛传染性胸膜肺炎联苗免疫。牛瘟防治主要应加强口岸检疫，防止引进牛时传入。发现本病时应立即上报，做好封锁、检疫、隔离、消毒、焚尸等工作。

消毒可用 2%氢氧化钠或 3%苯酚或 3%煤酚皂溶液。邻近疫区牛群接种牛瘟疫苗——牛专用免疫球蛋白，也可每 1～2 年预防接种一次；牛瘟山羊化兔化弱毒疫苗适用于蒙古牛、黄牛，牛瘟绵羊化兔化弱毒疫苗适用于牦牛、犏牛、朝鲜牛及黄牛；牛瘟疫苗牛专用免疫球蛋白注射后14天产生坚强免疫力，可维持1年。

牛瘟治疗尚无有效药物。病初可用静注大量抗牛瘤血清牛专用免疫球蛋白（100～200毫升）＋刀豆素能收到治疗效果。

第十三节　犊牛大肠杆菌病

犊牛大肠杆菌病又称犊牛白痢，是由一定血清型的大肠杆菌引起的一种急性传染病。大肠杆菌广泛地分布于自然界，牛出生后很短时间即可随乳汁或其他食物进入胃肠道，成为正常菌。新生犊牛当其抵抗力降低或发生消化障碍时，均可引起发病。传染途径，主要是经消化道感染，子宫内感染和脐带感染也有发生。本病多发生于二周龄以内的新生犊牛。

一、病原

犊牛大肠杆菌病可由多种血清型的病原性大肠杆菌所引起，主要原因一是犊牛出生后不喂初乳或初乳喂量不足。二是母牛体弱，营养不良，矿物质、维生素不足与缺乏。

二、流行病学

本病发于幼犊，生后10日龄以内的犊牛最易感染发病，日龄较大者少见。病的感染主要通过消化道；子宫内感染和脐带感染也有可能，但较少。病原性大肠杆菌在病犊的肠道内或各组织器官内大量增殖，随粪、尿或其他排泄物分泌物散布于外界，引起新的传染，并可能导致细菌毒力增强。

本病多见于冬春舍饲时期，呈地方性流行或散发，在放牧季节很少发生。

引起犊牛抵抗力降低的各种因素都可促进本病的发生或使病情加重，例如母牛在分娩前后营养不足，饲料中缺乏足够的维生素、蛋白质，乳房部污秽不洁；幼犊生后未吮食初乳或哺喂不及时，哺乳过多或过少；厩舍阴冷潮湿、通气不良、气候突变等，都与本病的发生流行有关。

三、症状

潜伏期很短，仅几个小时。根据病理发生和临床表现，可分为以下三型。

（1）败血型　也称脓毒型。潜伏期很短，仅数小时。主要发生于产后3天内的犊牛；大肠杆菌经消化道进入血液，引起急性败血症。发病急，病程短。表现体温升高，精神不振，不吃奶，多数有腹泻，粪似蛋白汤样，淡灰白色。四肢无力，卧地不起。多发生于吃不到初乳的犊牛。败血型发展很快，常于病后 1 天内死亡。

（2）中毒型　也称肠毒血型，此型比较少见。主要是由于大肠杆菌在小肠内大量繁殖，产生毒素所致。急性者未出现症状就突然死亡。病程稍长的，可见典型的中毒性神经症状，先不安、兴奋，后沉郁，直至昏迷，进而死亡。

（3）肠炎型　也称肠型，体温稍有升高，主要表现腹泻。病初排出的粪便呈淡黄色、粥样（图 9-19，彩图），有恶臭，继则呈水样，淡灰白色，混有凝血块、血丝和气泡。严重者出现脱水现象，卧地不起，全身衰弱。如不及时治疗，常因虚脱或继发肺炎而死亡。个别病例也会自愈、但以后发育迟缓。

图 9-19　犊牛大肠杆菌病肠炎型，粪便呈淡黄色、粥样

四、病理变化

由于败血症和毒血症而急性死亡的病犊，常无明显的病理变化。伴有腹泻的病犊，尸体消瘦，黏膜苍白，眼窝下陷，肛门周围被稀粪玷污。主要呈现急性胃肠炎的变化。真胃有大量的凝乳块，黏膜充血、水肿，覆盖有胶状的透明黏液，在皱褶部有出血。肠内容物有血液和气泡，恶臭，小肠黏膜充血，在皱褶基部处有出血，部分黏膜上皮脱落。在直肠也可见有同样的变化。肠系膜淋巴结肿大，切面多汁，有时充血。肝脏和肾脏苍白，被膜下可见出血点，胆囊内充满黏稠暗绿色胆汁，脾脏无变化或稍肿大。心内膜有出血点。病程拖延的病例在关节和肺也有变化。

五、诊断

根据流行病学、临床症状、病理变化和细菌学检查进行综合判断。生后 7 日龄以内的犊牛，如未摄食初乳，或虽摄食初乳而数量太少或不及时，以致其体内的免疫球蛋白缺乏或数量不足，常易于感染败血性大肠杆菌病而突然死亡。肠毒血型主要发生于吃过初乳的 7 日龄以内的新生犊牛，是由于大肠杆菌的毒素侵入机体所致，病程短促，死亡率高，仅可从肠道内分离到特殊型的大肠杆菌。肠型的特点是犊牛发病时病程较长，主要表现为腹泻，死亡率一般不高，细菌学检查没有发现菌血症。

六、防治

1.治疗

本病的治疗原则是抗菌、补液、调节胃肠机能和调整肠道微生态平衡。

(1) 抗菌　可用土霉素、链霉素或新霉素。内服的初次剂量为每千克体重30～50毫克。12小时后剂量可减半，连服3～5天。或以每千克体重10～30毫克的剂量肌内注射，每天2次。

(2) 补液　将补液的药液加温，使之接近体温。补液量以脱水程度而定，原则上失多少水补多少水。当有食欲或能自吮时，可用口服补液盐。口服补液盐处方：氯化钠1.5克，氯化钾1.5克，碳酸氢钠2.5克，葡萄糖粉20克，温水1000毫升。不能自吮时，可用5%葡萄糖生理盐水或复方氯化钠液1000～1500毫升，静脉注射。发生酸中毒时，可用5%碳酸氢钠液80～100毫升静脉滴注。如能配合适量母牛血液更好，皮下注射或静脉注射，一次150～200毫升，可增强抗病能力。

(3) 调节胃肠机能　可用乳酸2克、鱼石脂20克、加水90毫升调匀，每次灌服5毫升，每天2～3次。也可内服保护剂和吸附剂，如次硝酸铋5～10克、白陶土50～100克、药用炭10～20克等，以保护肠黏膜，减少毒素吸收，促进早日康复。有的用磺胺甲噁唑（复方新诺明），每千克体重0.06克，乳酸菌素片5～10片、食母生5～10片，混合后一次内服，每天2次，连用2～3天，疗效良好。

(4) 调整肠道微生态平衡　待病情有所好转时、可停止应用抗菌药，内服调整肠道微生态平衡的生态制剂。例如，促菌生6～12片，配合乳酶生5～10片，每天2次；或健复生1～2包，每天2次；或其他乳杆菌制剂。使肠道正常菌群早日恢复其生态平衡，有利于早日康复。

2.预防

(1) 养好妊娠母牛　改善妊娠母牛的饲养管理，保证胎儿正常发育，产后能分泌良好的乳汁，以满足新生犊牛的生理需要。

(2) 及时饲喂初乳　为使犊牛尽早获得抗病的母源抗体，在产后30分钟内（至少不迟于1小时）喂上初乳，第一次喂量应稍大些，在常发病的牛场，凡出生犊牛在饲喂初乳前，皮下注射母牛血液 30～50 毫升，并及早喂上初乳，对预防犊牛大肠杆菌是重要的一环。

（3）保持清洁卫生　产房要彻底消毒，接产时，母畜外阴部及助产人员手臂用 1%～2%来苏儿液清洗消毒。严格处理脐带，应距腹壁 5 厘米处剪断，断端用 10%碘酚浸泡 1 分钟或灌注，防止因脐带感染而发生败血症。要经常擦洗母牛乳头。

第十四节　牛炭疽病

炭疽是炭疽杆菌引起的各种动物的一种急性、热性、败血性传染病。其病理变化的特点是败血症变化、肝脏显著增大、皮下和浆膜下结缔组织出血性胶样浸润、血液凝固不良。本病可传染人。

一、病原

炭疽杆菌不能运动，是长 3～8 微米，宽 1～1.5 微米的大杆菌。濒死病牛的血液中常有大量菌体存在，成单个和成对，少数为 3～5 个菌体相连的短链，每个菌体均有明显的荚膜。培养物中的菌体则成长链，像竹节样，于一般条件下，不形成荚膜。病牛体内的菌体不形成芽孢，在体外，于适宜的条件下（12～42℃）可形成芽孢，芽孢呈卵圆或圆形，位于菌体中央或偏一端。炭疽杆菌为革兰阳性菌。

炭疽杆菌为需氧菌和兼性需氧菌，在普通琼脂平板上生长成灰白色、不透明、扁平、表面粗糙的菌落，边缘不整齐，低倍镜检查时呈卷发状。自病牛分离的有毒炭疽杆菌在 50%血清琼脂上，含有 65%～70%二氧化碳的空气下培养时可生长带荚膜的细菌菌落。这种菌落光滑而黏稠，当用针接触它时可拉出几厘米长的细丝。炭疽杆菌具有缓慢地发酵水杨苷，液化明胶，使石蕊牛乳凝固、褪色并胨化，以及缓慢地使亚甲蓝还原等性质。这些与其他类似菌体的鉴别有参考作用。新分离的有毒力的炭疽杆菌常不溶血。

炭疽杆菌菌体对外界理化因素的抵抗力不强，与其他非芽孢菌相似。炭疽杆菌芽孢的抵抗力很强。于干燥状态下的炭疽芽孢，可存活 12 年以上；用干热（150℃）消毒，可于 60 分钟内杀死；于冰冻状态（－5～10℃）可存活 4 年。在每毫升含 100 万个芽孢的盐水悬浮液，用湿热消毒时，90℃需 15～45 分钟，

95℃需10～25分钟，100℃需5～10分钟。马的鬃毛厚度不超过2.5英寸，用121℃高压灭菌15分钟可杀死其芽孢。值得注意的是，用一般的方法制片，加热固定染色后，炭疽芽孢仍可存活。因炭疽死亡的牛尸体，未打开时，炭疽菌于骨髓中可存活1周，皮肤上可活2周。消毒药对炭疽芽孢的作用，不同的试验结果变化很大，加5%苯酚杀死芽孢需时2～40天；许多学者认为，1%～2%甲醛溶液有效，而另一些学者认为，3%甲醛三日不能杀死它，10%甲醛溶液在40℃时经15分钟方能杀死芽孢。

二、流行病学

各种动物、野生动物都有不同程度易感性。其中草食动物最易感，包括牛、羊、驴、马、水牛、骆驼、鹿和象等，犬、猫次之，猪较有抵抗力。实验动物中小白鼠和豚鼠最易感。接种少数有毒芽孢即可发病死亡，即使用不能杀死绵羊、兔的弱毒菌株，亦可使其死亡。有中等毒力的菌株可杀死兔，大白鼠最有抵抗力。

本病的主要传染源是病牛。濒死病牛体内及其排泄物中常有大量菌体，当尸体处理不当时，形成大量有强大抵抗力的芽孢污染土壤、水源、牧地，则可成为长久的疫源地。

本病主要经消化道感染，常因采食污染的饲料、饮水而感染，或在污染的牧地放牧时受到感染。其次是通过皮肤感染，主要是由带有炭疽杆菌的吸血昆虫叮咬而感染。第三是由于吸入了带有炭疽芽孢的灰尘通过呼吸道感染。

本病常呈地方流行性，尤其是在炭疽严重污染地区常易在没有采取适当预防措施的牛群中发生流行。夏季气候炎热，放牧期间吸血昆虫增多，一旦发病则容易扩大传播。另外，对炭疽感染程度较差的犬、狼等野生动物以及禽类，常可因吞食病牛尸体将病菌带到其他地点，而扩大传播。有不少地区爆发本病是因从疫区输入病牛产品如骨粉、皮革等而引起。

三、症状

牛患炭疽后的临床表现因感染途径、菌体数量和个体抵抗力不同而有所差异。潜伏期由3天至1～2周不等，根据临诊症状和病程，一般可分为最急性、急性和亚急性。

（1）最急性　通常见于爆发开始时，常突然发病，体温升高，行动摇摆，站立不动，也有的突然倒下，呼吸极度困难，口吐白沫，肌肉震颤，不久呈虚脱状，惊厥而死，病程仅为数小时，死后尸僵不全（图 9-20，彩图）。

（2）急性　为最常见的一种类型。病牛体温升高显著，精神沉郁，有的病牛起初兴奋不安，鸣叫，甚至冲击人和动物，继而高度沉郁。脉搏、呼吸增加，食欲、反刍减退或废绝，瘤胃常有膨胀，泌乳量下降或泌乳停止。天然孔出血，尤其是粪便，常常有血性黏液。呼吸困难，可视黏膜发绀，眼结膜、口腔、鼻腔、肛门和阴道黏膜有针尖至米粒大小的出血斑点。有的病牛口腔黏膜出现水疱而溃烂，舌肿大呈蓝紫色且有溃疡，继而流出血样唾液。后期体温下降，痉挛而死。

图 9-20　牛炭疽病，死后尸僵不全

（3）亚急性　症状与急性型相似，但病程较长，病情较缓和，常在颈、胸、肋或外阴部出现水肿，局部温度较高、坚硬或呈面团状，水肿部皮肤无变化，或龟裂而渗出柠檬色液体。颈部水肿并常伴有咽炎和喉头水肿，致使呼吸更加困难。

四、病理变化

牛表现为急性败血症，天然孔出血，脾增大几倍，血不凝固，脾髓及血如煤焦油样（这是由于脾髓极度充血、出血、淋巴组织萎缩和脾小梁平滑肌麻痹所致），切片有大量炭疽杆菌；内脏浆膜有出血斑点；皮下胶样浸润；肺充血、水肿；心肌松软，心内外膜出血；全身淋巴结肿胀、出血、水肿等。

五、诊断

根据症状、病变可疑炭疽时，应慎重剖检。取耳血一滴做涂片，用亚甲蓝和瑞氏染色、镜检，若见多量单个或成对的有荚膜、两端平直的粗大杆菌，可初步诊断。确诊应做细菌分离，接种小白鼠和做炭疽沉淀试验（Ascoli 反应）。

六、防治

（1）疫苗注射　易感牛群应每年接种炭疽芽孢苗一次。

（2）发生疫病时采取的措施　确认炭疽后立即上报有关单位；封锁现场，扑杀病牛，尸体深埋或焚烧。彻底消毒污染的环境、用具（用20%漂白粉），毛皮、饲料、垫草、粪便焚烧；人员、牲畜、车辆控制流动，严格消毒；工具、衣服煮沸或干热灭菌（工具也可用0.1%升汞液浸泡）。种牛用抗炭疽血清和磺胺类、青霉素治疗。

第十五节　恶性卡他热

恶性卡他热又称牛恶性头卡他、坏疽性鼻卡他等，是牛的病毒性传染病。其特征是短期发热，口鼻黏膜发炎和眼的损害，并常伴有神经症状，致死率很高。

本病在欧洲、美洲、亚洲及非洲均有分布。

一、病原

本病的病毒是恶性卡他热病毒。本病毒不易通过过滤器，在血液中的病毒附着在白细胞上。通过电子显微镜对其结构的观察，现归为疱疹病毒属。病毒能在牛甲状腺、肾上腺、睾丸、肾等组织上生长，也可在绵羊甲状腺组织培养上及鸡胚绒毛尿囊上生长。也可适应于家兔。病毒很难保存，较好方法是将枸橼酸盐脱纤血保存在5℃环境中。近来试验，感染的卵黄囊贮存在－10℃中，经8个月后仍可复制此病。

病毒对外界环境的抵抗力不强，不能抵抗冷冻及干燥。病毒在室温中24小时即失去毒力。冰点以下温度可使病毒失去传染性。

恶性卡他热的人工感染常不成功。近来Selman等（1978）以自然病例的枸橼酸盐脱纤维血液900毫升，给5～10月龄易感犊牛静脉接种，经过18～28天潜伏期产生典型症状。后来再用450毫升脱纤血静脉接种也获得同样结果。他们强调的是被接种的牛要多一些（5头）及由供血牛采血后要立即接种。

二、流行病学

恶性卡他热易感牛主要是黄牛。而绵羊及非洲角马可以感染，但其症状不易察觉或无症状。水牛、山羊及鹿也有发病的报道。

本病在自然情况下的传播方式还有待进一步探讨。但经验证明，此病多不能由病牛直接传递给健康牛，一般认为绵羊是自然带毒者，发病牛多有与绵羊接触历史。但是也有例外，没有绵羊的地区，也有此病发生。在非洲，牛的发病则由角马传递所致，此外，羚羊也有可能以同样情况传播此病。

据实验，有些犊牛产后第一周即有病毒血症。也可以由患病母牛胎儿的脾脏中分离出病毒，证实通过胎盘感染是存在的。

黄牛多见 4 岁以下的幼牛发病，老牛发病者少见。一般为散发性，但有时也能发生地方性流行（例如在非洲）。常年都可发生，更多见于冬季和早春。病愈牛没有抵抗再感染的能力。

三、症状

潜伏期长短的变动很大，一般是 3～8 周。人工感染可由 16 天至 10 个月不等。

开始的症状为一般急性传染病的全身症状。突然发病，体温在寒战之下升至 41～42℃，呼吸及心跳加快，精神萎靡，食欲和反刍减少，渴欲增加，泌乳停止，鼻镜干热，被毛松乱，明显衰竭，迅速失重，少数病例可能在此时即行死亡（最急性）。

一般在发病的第二天以后，发生眼及各部黏膜的症状。眼部症状几乎是每一典型病例必有的症状。表现为畏光、流泪、眼睑肿胀、虹膜睫状体炎（图 9-21，彩图），角膜发生由边缘渐向中央推进的弥漫性混浊，可能在 8 小时内变得完全不透明，但也有发展迟缓的。

鼻孔流出鼻漏（图 9-22，彩图），初为黏性，继而脓性，恶臭，鼻黏膜充血，覆有污灰色假膜，擦除后遗留浅表溃疡。炎症蔓延至额窦，致使头盖部及颜面上半部发热肿胀，有时由额窦蔓延至角突的骨壁，致使角从基部松离甚至脱落。由于鼻腔肿胀，呼吸加快而渐困难。

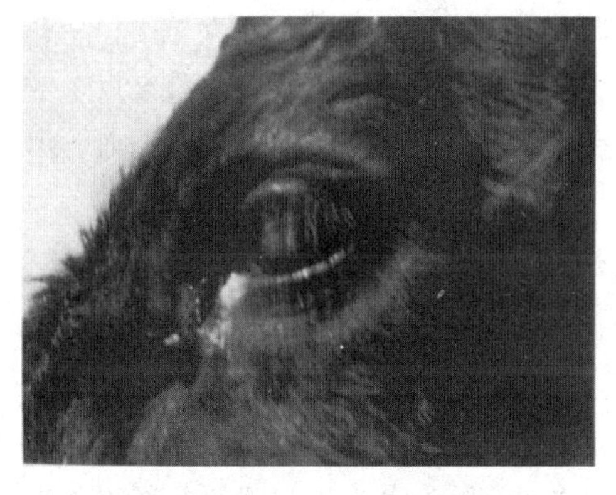

图 9-21　牛恶性卡他热，眼睑肿胀、虹膜睫状体炎

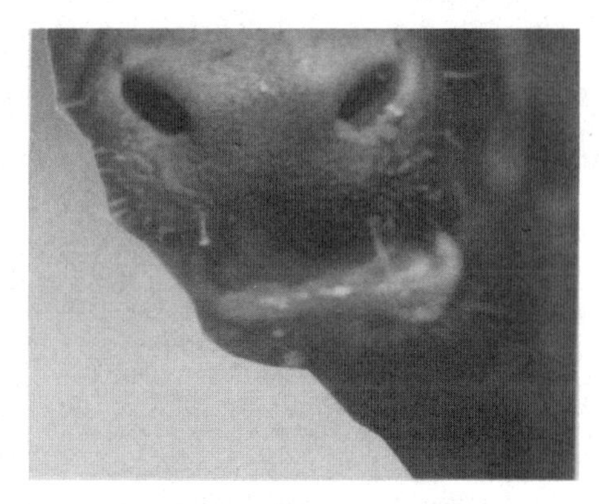

图 9-22　牛恶性卡他热，鼻孔流出鼻漏

口黏膜充血，干燥发热。有些病例口腔黏膜特别是颊部、齿龈、唇内有假膜，脱落后遗留烂斑。

粪便开始干燥，继为有恶臭的腹泻。排尿频数，有时混有血液和蛋白质。母牛阴唇水肿，阴道黏膜潮红肿胀，妊娠母牛可能流产。

病势发展，可能表现虚弱和昏迷，病牛呆立凝视，头低垂或头颈伸直久卧地下。有些病牛表现兴奋现象如磨牙、鸣叫、爬上饲槽甚至冲撞障碍物；同时可见肌肉抽搐、惊厥等。

部分体表淋巴结中度甚至高度肿胀。病程较长时皮肤上出现红疹、小疱疹等。

晚期，病牛高度脱水，衰竭，体温下降，呼吸频率增加，脉速而弱。病牛常于这些症状发生后 24 小时内死亡。

病程一般 4～14 天，有的可拖延至数月。恢复者少数。

四、病理变化

病毒于血液中存在一段时间然后进入各器官中，引起淋巴细胞性的血管周围浸润。此种变化发生于实质器官、黏膜和脑内。被侵害黏膜发生上皮层渐进性坏死，继而可能形成溃疡。

剖检时，尸体表面病变一如临床所见。上呼吸道黏膜发炎是最规律性的变化。鼻和鼻窦中含有大量脓液，黏膜充血肿胀，有的部分覆有假膜，膜下上皮脱落，间或溃烂。溃疡可能侵入深层，坏死可能波及骨骼。喉头、气管和支气管黏膜充血，有小出血点，也常覆有假膜，肺充血水肿。

口腔黏膜卡他性肿胀，杂有出血点，糜烂和溃疡可见于唇内、齿龈、郏部、上腭、舌的背腹面、咽头、食管以及胃肠部黏膜。

脾正常或中等肿胀。肝、肾浊肿。胆囊可能充血、出血，尿道黏膜充血，散有小点状出血。心包及心外膜有小点状出血。淋巴结有时有炎性变化，充血、出血及水肿。

脑膜充血，有浆液浸润，有时有出血点。脑实质通常无肉眼可见变化，有时脑室中有大量液体。

五、诊断

对本病目前尚无特异诊断方法，只有根据流行特点、临床症状及病理损害进行诊断。临床上则注意持续高热，特别是典型眼变化、头部黏膜发炎以及昏迷等特点。与绵羊接触的历史，散发性而致死率高也有重要参考价值。必要时可接种易感犊牛，观察其发病过程及病理变化等，作为诊断的重要参考资料。本病常易与牛瘟混淆，也容易与其他类似疫病混淆，需注意鉴别。

牛瘟常无眼变化，流行性发病。如诊断有困难时，用犊牛人工感染，如系牛瘟，常在接种后3～9天发病，而恶性卡他热则不一定全部发病，且潜伏期也长。

牛传染性角膜结膜炎，则只限于眼部病变，多不见全身症状。

口腔黏膜变化易与口蹄疫混淆，但恶性卡他热常常没有蹄部变化，口腔内无水疱变化。

六、防治

1.预防

预防本病的措施除增强机体抵抗力外，主要是贯彻牛羊隔离法。因绵羊有传播本病的可能，应将牛羊分开管理饲喂。

2.治疗

本病治疗较困难，可进行对症治疗。如用外科方法治疗头部腔窦炎症、注射抗生素及磺胺药等。可用以下处方进行对症治疗。

处方1

① 四环素300万～400万单位、地塞米松注射液60毫克、维生素C注射液10克、5%葡萄糖生理盐水3000～5000毫升、25%葡萄糖注射液1000毫升，一次静脉注射。说明：四环素、维生素C、地塞米松应分别静脉注射。

② 醋酸氢化泼尼松125毫克，患角膜混浊侧太阳穴注射。隔5天重复1次。

处方2

① 亚甲蓝2克、5%葡萄糖生理盐水2000毫升、50%葡萄糖注射液1000毫升，一次静脉注射。

② 复方磺胺嘧啶注射液100毫升，一次肌内注射，每天2次，连用5天，首次量加倍。

处方3

清瘟败毒饮：石膏150克、生地黄60克、水牛角90克、川黄连20克、栀子30克、黄芩30克、桔梗20克、知母30克、赤芍30克、玄参30克、连翘30克、甘草15克、牡丹皮30克、鲜竹叶30克，一次煎服。石膏打碎先煎，再下其他药同煎，水牛角研细末冲入。

第十六节　牛流行热

牛流行热是由病毒引起的急性热性传染病。主要症状为高热，流泪，有泡沫样流涎，鼻漏，呼吸急迫，后躯活动不灵活。本病常为良性经过，大部分病牛经2～3日即恢复正常，故又称三日热或暂时热。但因大群发病，对乳牛的产乳量有明显的减产作用，而且病牛中部分常因瘫痪而淘汰，引起一定程度的损失，故已引起养牛业的重视。

本病在日本、澳大利亚及南非广泛流行，本病亦被较深入的研究。印度及印度尼西亚亦有本病发生。过去称本病为牛流行性感冒，实际上这种病是由与流感病毒完全不同的另一类病毒引起的，日本后来将其改称为流行热。南非、澳大利亚称本病为暂时热或三日热。

一、病原

牛流行热病毒属弹状病毒，像子弹形或锥形。其大小，日本分离毒平均为140纳米×80纳米；南非毒为锥形，基底宽，176纳米×88纳米；澳洲毒为子弹形，基底窄，145纳米×70纳米。病毒的核酸结构为核糖核酸，对氯仿、乙醚敏感。病毒存在于病牛血液中。用高热期病牛血液1～5毫升经静脉接种易感牛后经3～7日即可发病。

本病过去只能用病牛高热期血液静脉接种易感牛，在本种牛体上传代。1976年南非学者首次报道，用人工接种病牛高热期血液中的白细胞及血小板层脑内接种新生小白鼠，可使乳鼠发病，初代潜伏期为10～17天，发病率低，连续继代时潜伏期很快缩短到3天左右，发病率也增加到100%。主要表现为神经症状，易兴奋，步态不稳，病重时常倒向一侧，后肢常痉挛性收缩，但痛感始终存在。大部分病后经1～2天死亡，但亦有遗留神经症状、发育不良而存活者。以后澳大利亚及日本亦用同样方法分离出本病的小鼠毒株。

据日本学者报道，本病毒可于牛肾、牛睾丸以及牛胎肾细胞繁殖，且可于牛胎肾细胞上产生病变。也可于地鼠肾原代细胞以及传代细胞培养物上繁殖并产生细胞病变。绿猴肾传代细胞上则不能繁殖。而据南非、美、澳学者的报告，经乳鼠脑继代病毒或已适应于BHK细胞的毒株能于猴肾传代细胞培养物上繁殖产生细胞病变；于绿猴肾传代细胞上甚至可用病牛血分离病毒且可产生细胞病变。

反复冻融对这种病毒无明显影响，病毒滴度不下降，pH 7.4 及 pH 8.0 作用 3 小时（20℃）不发生灭活现象，而 pH 3.0 则能完全灭活。56℃ 10 分钟感染滴度下降到只有原有的千分之一；56℃ 20 分钟处理后感染性降低到几乎等于零。37℃及 34℃ 12 小时，感染性降低到原有的十分之一；37℃ 3 日，34℃ 5 日全部消失。30℃ 24 小时，仍维持原有的滴度，以后则缓慢下降。4℃至少 40 日稳定，以后则缓慢下降，于 130 日内完全不活化。−20℃ 52 日滴度变化不大，73 日下降到原有的 0.5%。−80℃极稳定，134 日滴度不变。上述病毒材料均为感染培养液加 20%牛血清的实验结果。另外有报道，含毒血冻干后贮于−40℃ 958 日仍有致病力。

二、流行病学

本病主要侵犯牛，黄牛、乳牛、水牛均可感染发病，野生动物中有几种如南非大羚羊、猬羚可被感染并产生中和抗体，但无临床症状，其他牛不感染。不同品种、性别、年龄的牛均可感染本病，高产乳牛症状较严重。

本病的发生有明显的季节性，主要于蚊蝇多的季节流行，我国北方地区是 8～10 月份，南方地区可提前发生。多雨潮湿天气容易流行本病。

本病的传染源为病牛。病牛的高热期血液中含有病毒，人工静脉接种易感牛能发病。自然条件下传播媒介可能为吸血昆虫，因其流行季节为很严格的吸血昆虫盛行时期，吸血昆虫消失流行即告终止。澳洲学者报道，将病毒胸腔注入蚊子(伊蚊及库蚊)，病毒可繁殖，但用血液与小鼠适应毒混合物喂蚊子时，不能在伊蚊体内繁殖，而能在库蚊体内繁殖。给库蠓喂以感染的小鼠脑与蔗糖混合物后第 8 日可在其体内查出病毒。因此这些昆虫有可能在传播中起作用。

三、症状

潜伏期 3～7 天，发病前可见恶寒、寒战。因病牛只有轻度失调而不易被发现。突然高热达 40℃以上，维持 2～3 天，病牛精神委顿，皮温不整，鼻镜干而热，反刍停止，产乳量急剧下降，有的可停乳，待体温下降到正常后再逐渐恢复产乳。病牛不爱活动，站立不动，强使行走则步态不稳，尤其后肢抬不起来，常擦地而行。病牛喜卧，不愿行动，沉重的病例甚至卧地不起（图 9-23，彩图）。四肢关节可有轻度肿胀与疼痛，以致发生跛行。

呼吸系统变化也很明显，在发热的同时呼吸促迫，呼吸次数每分钟可达 80 次或以上，肺部听诊肺泡音高亢，支气管音粗粝。病牛发出苦闷的呻吟声。

眼结膜充血水肿，流泪，畏光。在多数病牛，鼻腔于高热期可见有透明黏稠分泌物流出，成线状，同时亦有流涎现象，口边黏有泡沫，口角流出线形黏液（图 9-24，彩图）。有便秘或腹泻。发热期尿量减少，排出暗褐色混浊尿。

妊娠母牛患病时可发生流产、死胎。

图 9-23　牛流行热，病牛喜卧，不愿行动，甚至卧地不起

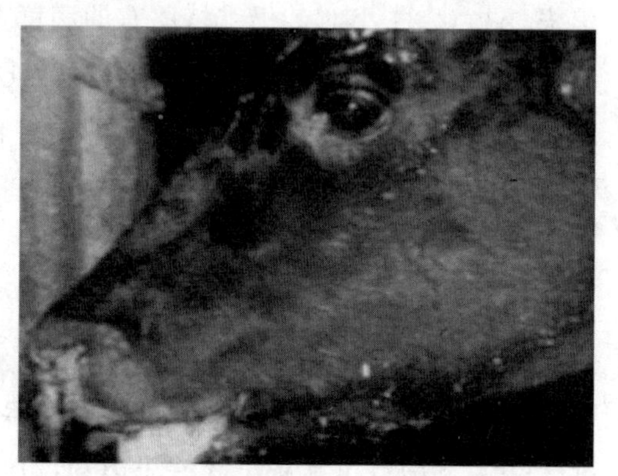

图 9-24　牛流行热，牛有流涎现象，口边粘有泡沫，口角流出线形黏液

本病在部分病例为良性经过，死亡率一般在 1%以下。急性病牛可于发病后 20 小时内死亡，致死原因尚不清楚。部分病例常因长期瘫痪而被淘汰。

四、病理变化

在单纯性急性病例的高热期及体温恢复正常不久扑杀牛检查时，没有见到特征性的病变。只有淋巴结有不同程度的肿胀，有时肺间质有小区域气肿。急性死亡的自然病例，可见有明显的肺间质气肿，还有一些牛可有肺充血与水肿。肺气肿的肺高度膨隆，间质增宽，内有气泡，压迫肺呈捻发音。肺水肿病例胸腔积有多量暗紫红色液，双肺肿胀，间质增宽，内为胶冻样浸润，肺切面流出大量暗紫红色液体，气管内积有多量气泡状黏液。这些变化是否因并发其他病原体所致，尚不明了。

五、诊断

本病的特点是大群发生，传播快速，有明显的季节性，发病率高，死亡率低，结合病牛临床上表现的特点，不难作出诊断。

在日本属于本病流行时，发现病牛中常有咽喉麻痹的症状，当时认为是牛流行热的症状之一，这种病牛发病的季节、病的表现及经过，都与流行热相似，只是在体温下降到正常后出现明显的咽喉食管麻痹，头下垂时，第一胃内容物可自口鼻流出，而且诱发咳嗽。后来从这种病牛中分离出与流行热病毒完全不同的另一种病毒，这种病毒与蓝舌病毒相似，但对羊无致病力，日本称它为类蓝舌病（茨城病），因此，发生牛流行热时，要注意与这种病区别。

在英国、比利时、瑞士与日本等地尚发生一种由牛呼吸道合胞病毒引起的急性热性呼吸道疾病，传染性也很强，1968～1969年在日本流行时，首先从北海道开始，快速传到日本各地，报道的病例达43000头。这种病与流行热的不同点是流行季节不同，症状与病程也有差异。本病症状以支气管肺炎为主，病程也较长，约1周或更长些，转归亦好，死亡率低，确诊本病要做病原学及血清学检查。

牛鼻病毒也可诱发牛的急性热性呼吸道传染病，但在一定时间内流行地区与范围没有流行热广泛，而且常常需要一定条件才能发病。例如，日本曾于1972年11月及1976年6月两次爆发本病，这两次爆发均在牛只运输后7～10日发生，并快速传播到整个牛群。病牛呼吸道症状持续时间较流行热长，缓解缓慢，有的病程达1个月以上。确诊本病要做病原学及血清学检查。

牛传染性鼻气管炎为牛的一种急性呼吸道传染病，只侵害牛，是以发热、鼻漏、流泪、呼吸困难及咳嗽为主的上呼吸道及气管的疾病。病原为疱疹病毒。无明显的季节性，但多发于寒冷季节。

总之，根据流行情况及症状，可初步诊断流行热。但确诊本病还需要分离病原，用已知血清做中和试验，或用已知病毒做病牛双份血清中和试验确诊。

六、防治

1. 预防

自然病例恢复后可获得坚强的免疫力，而人工免疫尚未达到此效果。但是，由于本病发生有明显的季节性，因此在流行季节到来之前及时用能产生一定免疫力的疫苗进行免疫接种即可达到预防的目的。

在本病的常发区，除做好人工免疫接种外，还必须加强消毒，扑灭蚊、蠓等吸血昆虫，切断本病的传播途径。发生本病时，要对病牛及时隔离、及时治疗，对假定健康牛群及受威胁牛群可采用高免血清进行紧急预防接种。

本病可选用β-丙内酯灭活苗、亚单位疫苗及病毒裂解疫苗接种牛只。病初可根据具体情况酌用退热药及强心药，停食时间长可适当补充生理盐水及葡萄糖溶液。用抗生素等抗菌药物防止并发症和继发感染。治疗时切忌灌药，因病牛咽肌麻痹，药物易流入气管和肺而引起异物性肺炎。

2.治疗

① 对体温过高的牛，应及时使用5毫升×10支庆增安注射液肌注；空怀牛用5毫克×10支地塞米松磷酸钠注射液肌注。发病较轻时，可在2～3日内恢复。

② 对以呼吸道为主要症状的牛，采用30%安乃近注射液30毫升、普鲁卡因青霉素300万～400万单位，肌内注射，每天1～2次，一般经2～3日即愈。严重时可增加链霉素或卡那霉素4～8克，肌注，每天1～2次。或采取颈静脉放血1000～2000毫升，然后再往静脉内缓缓注入等量的葡萄糖氯化钠注射液。在呼吸极度困难时，还可经鼻腔或腹腔及皮下输入氧气。

③ 对以瘫痪为主要症状的牛，除采取上述治疗措施外，每天可注射1克盐酸硫胺，并静注10%葡萄糖酸钙注射液500～1000毫升，同时补充10%氯化钾注射液100毫升，一般经1～3天就能取得疗效。严重时，可采用盐酸硫胺经百会穴及大胯穴注入，或用电针对百会、肾俞及肾角等穴位刺激或用特定电磁波照射。

④ 药物对症治疗仍不能站立的病牛，可用醋麸炙方法：麸皮10千克，加食醋10千克拌匀，在铁锅内炒热至60℃，然后分装两条布袋，扎好口后交替温熨病牛腰胯部，时间为每天1小时，每日1次，连用数次，直至病牛能自行站立。

第十七节　牛弯杆菌病

牛羊弯杆菌病原名牛羊弧菌病，是牛和绵羊的传染病，病原为胎儿弯杆菌的诸亚种，其中某些亚种引起牛羊不育和流产，个别亚种可引起牛的腹泻。

本病分布广泛，在许多国家有较高的发病率，对养牛业和养羊业的发展有重要影响。

一、病原

胎儿弯杆菌原名胎儿弧菌，是螺菌科、弯杆菌属细菌，可再分为三个亚种：①胎儿弯杆菌胎儿亚种，引起牛的不育和流产，存在于牛的生殖道、流产胎盘及胎儿组织中，不能在动物和人肠道内繁殖；②胎儿弯杆菌肠道亚种，原名胎儿弧菌肠变种，可引起绵羊地方流行性流产和牛的散发性流产，除存在于流产胎盘及胎儿胃内容物外，尚可存在于感染人、畜的血液、肠内容物及胆汁中，并能在人、畜的肠道和胆囊里生长繁殖；③胎儿弯杆菌空肠亚种，原名空肠弧菌，据认为可能是舍饲犊牛及较老牛只的“冬痢”或“黑痢”的病原体，也见于正常猪、牛、绵羊、山羊、鸡、火鸡及野禽的肠道，还能在人的肠道中生长使人致病，亦可自流产羊胎盘及胎儿胃内容物分离得到。

本菌为革兰阴性细长弯曲杆菌，长1.5～0.5微米，宽0.2～0.5微米，呈撇形、S形或鸥形。在老龄培养物中呈螺旋状长丝状或圆球形。运动力活泼，具一端鞭毛或两端鞭毛，不形成芽孢和荚膜。

本菌为微需氧菌，在含10%二氧化碳的环境中生长良好，于培养基内添加血液、血清则有利于初代培养。对1%牛胆汁有耐受性，这一特性可利用于纯菌分离。对链霉素、氯霉素、四环素族、红霉素等敏感，而对杆菌肽、多黏菌素B、新生霉素有抵抗力。

本病对干燥、阳光和一般消毒药敏感。58℃加热5分钟即死亡。在干草、厩肥和土壤中，于20～27℃可存活10天，于6℃时可存活20天。在冷冻精液（－196℃）内可存活。

二、流行病学

成年母牛大多有易感性，未成年者稍有抵抗力。公牛也可感染。本病对牛的传播几乎完全由于交配或人工授精，其他途径较少。母牛和公牛都可以散播本病，而公牛更为重要，特别是共用的或新引进的来历不明的公牛。公牛与有病母牛交配后，可将病菌传给其他母牛达数月之久，有的公牛甚至可带菌6年。带菌期限往往与公牛的年龄有关，5岁以上的公牛一般带菌时间较长。母牛感染后1周即可从子宫颈-阴道黏液中分离到病菌，感染后3周到3个月菌数最多。多数感染牛群经过3～6个月后，母牛有自愈的趋势，细菌阳性培养数减少。但某些母牛可在整个妊娠期带菌，并可于产犊后再配种时将病菌传给公牛。试验证明，母牛于分娩后仍可带菌达229天。因此带菌母牛也是本病的重要传染源。

三、症状

公牛一般没有明显的临床症状，精液也正常，至多在包皮黏膜上发生暂时性潮红，但精液和包皮可带菌。

母牛在交配感染后，病菌一般在10～14天侵入子宫和输卵管中并在其中繁殖，引起发炎。病初阴道呈卡他性炎，黏膜发红，特别是子宫颈部分，黏液分泌增加，有时可持续3～4个月，黏液常清澈，偶尔稍混浊。同时还有子宫内膜炎，但临床上不易确诊。

母牛生殖道病变的后果是胚胎早期死亡并被吸收，从而不断虚情。不少牛发情周期不规则和特别延长（30～63天）。如每次发情都使之交配，不孕的持续时间因牛只而异。有的牛于感染后第二个发情期即可受孕，有的牛即使经过8～12个月仍不受孕，但大多数（占75%左右）母牛于感染后6个月可以受孕。

有些妊娠母牛的胎儿死亡较迟，则发生流产。流产多发生于妊娠的第5～6个月，但其他时期也可发生。流产率为5%～20%。早期流产，胎膜常随之排出，如发生于妊娠的第5个月以后，往往有胎衣滞留现象。胎盘的病理变化最常为水肿，胎儿的病变与在布氏杆菌所见者相似。牛经第一次感染获得痊愈后，对再感染一般具有抵抗力，即使与带菌公牛交配，仍能受孕。

四、诊断

暂时性不育、发情期延长以及流产是本病的主要临床症状，但其他生殖道疾病也有类似的情况，因此确诊有赖于实验室检查。

母牛流产后，从流产胎膜制成绒毛叶涂片染色镜检，若见有形态像胎儿弯杆菌的细菌，可作初步诊断的依据。确诊需进行细菌的分离鉴定。取流产牛胎的新鲜材料，特别是其胃内容物，接种于鲜血琼脂上，在10%二氧化碳环境37℃培养10天，如有疑似细菌生长，即可做进一步的分离鉴定。也可采取公牛的精液、包皮材料或母牛子宫颈阴道黏膜做如上培养。为了控制污染，可于每毫升培养基中加杆菌肽2单位、新生霉素2微克、制霉菌素300单位；或加入1%量的牛胆汁、1/40000量的煌绿。在分离鉴定中，应注意与非致病性弯杆菌（如痰弯杆菌牛亚种，原名牛弧菌）相区别，因它可能从牛精液、阴道黏膜中分得，其区别要点是：胎儿弯杆菌接触酶试验阳性、三糖铁琼脂上不产生硫化氢、在3.5%氯化钠中不生长，而痰弯杆菌牛亚种则相反。

采取流产牛血清或子宫颈阴道黏液，以试管凝集反应检查其中抗体，有助于本病诊断。但血清抗体的出现较阴道黏膜者迟（后者于感染后60天出现），其维持时间也不如后者长久（后者持续大约7个月），故血清试管凝集反应的效果不如阴道黏液凝集反应者满意，但有些确受感染的牛对后者也可表现为阴性反应，因此，对个别牛来说只有阳性反应才有诊断意义。阴道黏液凝集反应的操作方法，为以纱布塞采取子宫颈部黏液，用生理盐水或0.3%福尔马林磷酸盐缓冲液稀释，离心沉淀，然后取其上清液作系列稀释，各加等量抗原，37℃作用24～40小时，观察结果。若黏液无血液混杂，凝集效价达1∶25者，即可判为阳性。

五、防治

① 由于牛弯杆菌性流产主要是因交配传染，因此，淘汰有病种公牛，选用健康种公牛进行配种或人工授精，是控制本病的重要措施。用佐剂菌苗给牛进行预防注射，可增强对胎儿弯杆菌感染的抵抗力而提高繁殖率。

② 牛群爆发本病时，应暂停配种 3 个月。同时用抗生素治疗病牛。一般认为局部治疗较全身治疗有效。流产母牛，特别是胎膜滞留的病例，可按子宫炎常规进行处理，向子宫内投入链霉素和四环素族，连续 5 天。对病公牛，首先施行硬脊膜轻度麻醉，将阴茎拉出，用含多种抗生素的软膏涂擦于阴茎上和包皮的黏膜上。也可以用链霉素和青霉素各 200 万单位溶于 20 毫升水中，每天冲洗包皮 1 次，连续 3～5 天。公牛精液也可用抗生素和磺胺药处理（一般每毫升加青霉素和链霉素各 500 单位、氨苯磺胺 3 毫克），但由于许多因素的影响，常不能获得 100％的功效。

第十章 牛的寄生虫病

第一节 牛胃肠线虫病

牛胃肠线虫病是指寄生在反刍兽消化道中的多种线虫所引起的寄生虫病，所以又称消化道线虫病。这些虫体寄生在反刍兽的第四胃、小肠和大肠中（图 10-1，彩图），在一般情况下多呈混合感染。

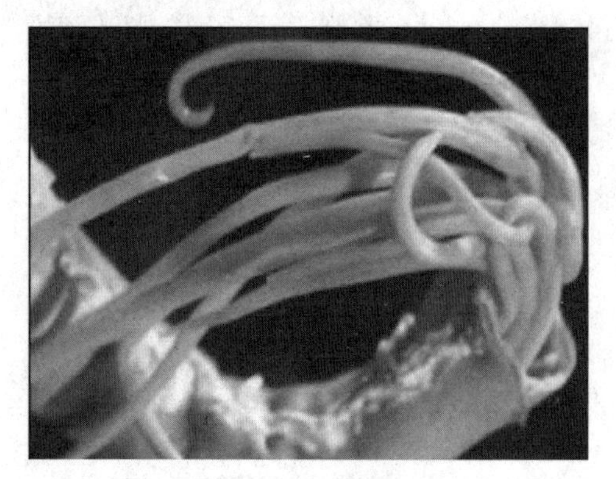

图 10-1 牛胃肠线虫

一、病因

对牛来说主要有指形长刺线虫、牛仰口线虫和辐射结节虫。

牛消化道线虫的发育，从虫卵发育到第三期幼虫的过程基本上相类似，即虫卵从宿主体内随同粪便一起被排到体外，在适宜的条件下，经过一阶段的发育，孵化第一期幼虫，然后经过两次蜕化变为第三期幼虫。第三期幼虫的特点是虫体很活泼，虽不进食，但在外界可以长时间的保持其生活力。由于体外有一层鞘膜，所以对干燥有一定的抵抗力。在一般情况下，第三期幼虫可以生存 3 个月，而在凉爽的季节，土内又有充分的水分时，幼虫可存活 1 年。第三期幼虫还能沿着潮湿的草叶向上爬行，它对微弱的光线有向光性，对强烈的阳光有畏惧性，因此，在早晨傍晚或阴天时，它能爬上草叶，而在夜间又爬下地面。它对温度敏感，在潮湿环境中比在寒冷时活泼。该虫虫卵排出量或成虫寄生量 1 年内出现两次高峰，春季高峰在 4～6 月份，秋季高峰在 8～9 月份。犊牛粪便中最早排出虫卵的时间为 7 月上下旬，全年也只形成 1 次高峰，高峰期在 8～10 月份。

二、症状

各类线虫的共同症状主要表现为明显的持续性腹泻，排出带黏液和血的粪便；幼畜发育受阻，进行性贫血，严重消瘦，下颌水肿，还有神经症状，最后虚脱而死亡。

三、诊断

本病的生前诊断是比较困难的，临床症状只能作为参考，一定要采取综合性的诊断方法（如流行病学、临床症状、既往病史、尸体剖检、粪便检查、虫卵数量等）。

四、防治

在预防中应该掌握以下几个方面：①改善饲养管理，合理补充精料，进行全价饲养以增强机体的抗病能力。牛舍要通风干燥，加强粪便管理，防止污染饲料及水源。牛粪应放置在远离牛舍的固定地点堆肥发酵，以消灭虫卵和幼虫；②根据病原微生物特点的流行规律，应避免在低洼潮湿的牧地上放牧。避开在清晨、傍晚和雨后放牧，防止第三期幼虫的感染；③每年应在 12 月末至次年 1 月上旬进行一次预防性驱虫。但一般药物对于存在于黏膜中的发育受阻幼虫不易取得良好效果，国外试验证实，硫苯咪唑和阿弗嘧啶对发育受阻幼虫有良好效果。

在治疗中，用来治疗牛消化道线虫药物很多，根据实际情况，现介绍以下两种药物。

伊维菌素注射液：每 50 克体重用药 1 毫升，皮下注射，不准肌内或静脉注射，注射部位在肩前、肩后或颈部皮肤松弛的部位。但注射本药时需注意，供人食用的牛在屠宰前 21 天内不能用药。

第二节　牛肺线虫病

牛肺线虫病又叫网尾线虫病，是由丝状网尾线虫和胎生网尾线虫引起的一种寄生性线虫病。寄生于气管、支气管和细支气管。本病特征为咳嗽、气喘和肺炎。

一、病原

寄生于牛体内的主要是胎生网尾线虫，其虫体乳白色，呈细丝状，雄虫长40～55毫米，交合伞发达，交合刺也为多孔性构造；雌虫长60～80毫米，阴门位于虫体中内部位，虫卵呈椭圆形，内含幼虫，大小为（82～88）微米×（33～39）微米。寄生于牛体气管、支气管内的网尾线虫的雌虫产出含有幼虫的虫卵；当患牛咳嗽时，被咳到口中咽入胃肠道里；虫卵中的第一期幼虫孵出后随牛粪排出体外；幼虫在适宜的条件下经3周左右发育成具有感染能力的第三期幼虫；这种幼虫被牛吞食后沿血液循环经心脏到达肺，逸出肺的毛细血管进入肺泡，再移行到支气管内发育成为成虫。

二、流行特点

牛吃草或饮水时，摄入幼虫感染。本病多见于潮湿地区，常呈地方性流行。

该病是几种网尾线虫寄生在牛的支气管、气管内引起的疾病。病原主要是丝状网尾线虫和胎生网尾线虫。雌虫排卵，随支气管、气管分泌物到达咽或口腔，经吞咽进入胃肠内，随粪便排出体外。在外界适宜的条件下，可发育为有感染性的幼虫。在湿润的环境中，如清晨有露水时，这种幼虫喜欢在草上爬行，当牛吃进感染性幼虫后，幼虫边发育边侵入肠壁的血管、淋巴管，随着血液循环到肺部，从血管钻进肺泡（图10-2，彩图），从肺泡逐渐游向支气管、气管并，在那里成熟、产卵。虫卵在外界的发育条件是温暖潮湿，因此春夏是本病的主要感染季节。

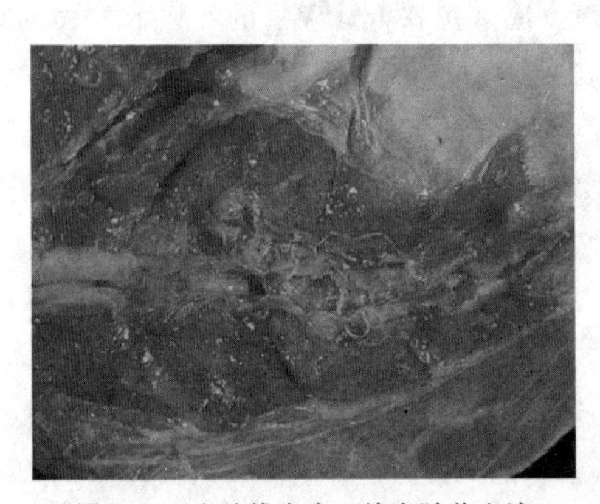

图10-2 牛肺线虫病，幼虫随着血液循环到肺部，从血管钻进肺泡

三、症状

最初出现的症状为咳嗽，初为干咳，后变为湿咳。咳嗽次数逐渐频繁。有时发生气喘和阵发性咳嗽。流淡黄色黏液性鼻涕。消瘦，贫血，呼吸困难，听诊有湿啰音；可导致肺泡性和间质性肺气肿，可引起死亡。

四、诊断要点

① 在流行地区的流行季节，注意本病的临床症状。主要是咳嗽，但一般体温不高，在夜间休息时或清晨，能听到牛群的咳嗽声以及拉风匣似的呼吸声，在驱赶牛时咳嗽加剧。病牛鼻孔常流出黏性鼻液，并常打嚏喷。被毛粗乱，逐渐消瘦，贫血，头、胸下、四肢可有水肿，呼吸加快。犊牛症状严重，严寒的冬季可发生大批死亡。成年牛如感染较轻，症状不明显，可呈慢性经过。

② 用粪便或鼻液做虫卵检查，如发现虫卵或幼虫，即可确诊。剖检病死牛时，若支气管、气管黏膜肿胀、充血，并有小出血点，内有较多黏液，混有血丝，黏液团中有较多虫体、卵或幼虫，也可确诊。

五、防治

1. 预防

一是要到干燥清洁的草场放牧，要注意牛饮水的卫生。二是要经常清扫牛舍，对粪尿污物要发酵，杀死虫卵。三是要每年春秋两季或牛由放牧转为舍饲时，集中进行驱虫，但驱虫后的粪便要严加管理，一定要发酵杀死虫卵。

2. 治疗

应用丙硫苯咪唑，每千克体重 5～10 毫克，配成悬液，一次灌服。四咪唑，可气雾给药，在密闭的牛舍内进行，喷雾后应使牛在舍内停留 20 分钟。1%伊维菌素注射剂，每千克体重 0.02 毫升，一次性皮下注射。发病初期只需一次给药，严重病例可连续给药 2～3 次。

第三节　牛泰勒焦虫病

泰勒焦虫病是由泰勒科、泰勒属的各种焦虫寄生于牛、羊和其他野生动物引起的疾病的总称。本科的焦虫与巴贝斯科焦虫的区别在于：虫体微小，形态多样；发育过程较复杂，虫体进入牛体内后，先侵入网状内皮系统的细胞（淋巴细胞、组织细胞、成红血细胞）中，以裂殖生殖法繁殖，形成石榴体；其后进入红细胞内寄生。传播者亦为各种硬蜱；在蜱体内进行配子生殖，并有子孢子形成。寄生在牛体内的泰勒焦虫属泰勒属。在我国发现于黄牛体内的泰勒焦虫为环形泰勒焦虫。

本病流行于我国西北、华北、东北的一些省、区，是一种季节性很强的地方性流行病。多呈急性过程，发病率高，死亡率大，使养牛业遭受很严重的损失。

一、病原

病原体为环形泰勒焦虫，形态多样化，寄生在红细胞和网状内皮系统的细胞内。红细胞内的虫体又称血液型虫体，有如下的各种形态：①环形虫体呈戒指状，最为常见，染色质一团，居虫体一侧边缘上。姬氏法染色后，见原生质呈淡蓝色，染色质呈红色。大小为 0.8～1.7 微米。②椭圆形虫体比环形者略长略大，其长宽比例为 1.5∶1，两端钝圆，染色质居一端。③逗点形虫体形似逗点，一端钝圆，另一端尖缩，染色质团在钝圆一端，大小为（1.5～2.1）微米×0.7 微米。④杆状虫体一端较粗，一端细，弯曲或不弯曲，染色质团在粗端，形似钉子或大头针，长 1.0～2.0 微米；亦有呈两端钝圆的杆菌状者（图 10-3，彩图）。⑤圆点状或边虫状虫体没有明显的原生质，由染色质组成，大小为 0.7～0.8 微米。⑥十字形虫体不常见，由 4 个圆点状虫体组成，原生质不明显，大小为 1.6 微米。一个红细胞内的虫体数可以有 1～12 个不等，常见的为 1～3 个；各种形态的虫体可同时出于一个红细胞内。红细胞染虫率一般在 10%～20%，病重者可达 90%以上。网状内皮系统细胞内的虫体又名石榴体，是蜱唾液腺中的子孢子接种到牛体内之后，未进入红细胞之前的一个发育阶段，是它们在淋巴细胞、组织细胞中进行裂殖时形成的多核虫体（裂殖体）。石榴体寄生于细胞内，有时也见于细胞外，平均大小为 8 微米（直径），有的大到 15 微米，甚至有达到 27 微米者。这种繁殖体有两种类型，即大裂殖体和小裂殖体。在用姬氏法染色的淋巴结、肝、脾等组织的病料涂片上，可以看到被寄生的淋巴细胞或单核细胞的核被压挤到一边，细胞质中的石榴体是由许多着微红色或暗紫色的颗粒组成卵圆形集团。

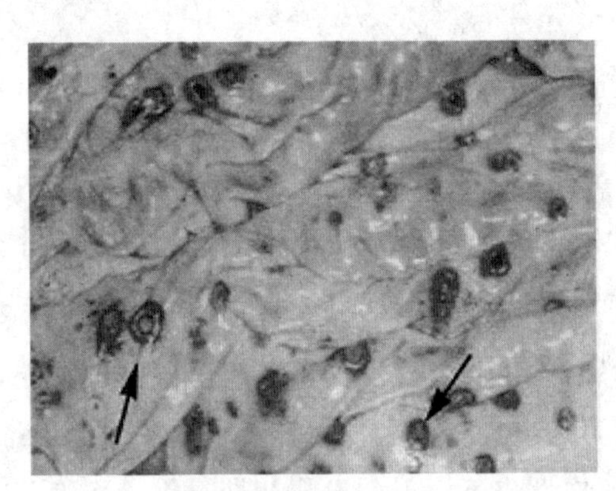
图 10-3 牛泰勒焦虫病，姬氏法染色后的虫体形状

二、流行病学

牛环形泰勒焦虫病的媒介是璃眼蜱属的各种蜱，已知的种类有残缘璃眼蜱、小亚璃眼蜱、边缘璃眼蜱、盾糙璃眼蜱。残缘璃眼蜱为二宿主蜱，成蜱于每年4月下旬或5月初开始出现，7月最多，8月显著减少，至9月完全消失。其传播环形泰勒焦虫病是由若蜱发育为成蜱时发生的，即是说，幼蜱或若蜱吸食病牛血液后，虫体在幼蜱和若蜱体内发育，直至它们蜕化为成蜱时，唾液腺中才有成熟的、具有感染力的子孢子；不能经卵传递。故本病的发病季节，随若蜱的出现和成蜱的消长而呈现明显的季节性。在我国的流行地区，发病季节多在6～8月份，7月份为高峰。残缘璃眼蜱是一种圈舍蜱，雌虫在圈舍范围内产卵，幼蜱和若蜱也都在圈舍条件下进行变态发育，因此本病也是在圈舍饲养的条件下发生；不发生于无圈舍的荒漠草原。

病的发生和流行以及病情的轻重均与牛的来源和品种有关。在隐伏地区和流行地区，土生土长的牛大多是带虫者，对病原体有相当强的抵抗力，常不发病或发病轻微；种牛，特别是新由外地引进的牛，一到发病季节，几乎无一幸免，且病情严重，死亡率很高，有的养殖场死亡率达100％。

各种年龄的牛对病原体都有感受性。在流行区，1～3岁的牛发病率高，初生犊牛和成年牛也不断有病例发生。这种错杂的情况可能与蜱侵袭的数量、时间、牛体质的强弱和营养的好坏等都有关系。

带虫免疫现象在隐伏区和流行区非常普遍。发病后自然痊愈或治疗后恢复的牛可获得较坚强的免疫力，一般可保持数年之久。但这种免疫力是不稳定的，当条件改变、机体因某种原因而抵抗力减弱时，仍可复发。由北方运往南方的带虫牛，由于环境的改变，发生双芽焦虫病又继发泰勒焦虫病的事例，屡见不鲜。

三、致病作用

发病机制与其他焦虫病相似，也是由于虫体本身和它们的活动产物——毒素的作用，导致各种功能失调并引起器质性损伤。在临床上出现一系列的症状，如神经症状、心血管症状、贫血症状、胃肠症状和体温调节的紊乱等。还由于环形泰勒焦虫进入机体后首先侵入网状内皮系统，致使病变范围更大、程度更深，病牛往往一直处于持续的恶化过程中。本病在临床症状和病理变化上都有一定程度的特异性表现。从病的发展经过来看，可以分成以下三个阶段。

① 第一阶段：病原体通过蜱注入宿主体内后，首先局部淋巴结肿大，有痛

感，同时出现体温升高。

② 第二阶段：虫体由局部转移扩散到全身网状内皮系统并进行繁殖，使许多器官遭到损伤，中枢神经的调节功能进一步紊乱，物质代谢进一步恶化，机体的解毒功能减退，实质脏器营养不良、功能障碍，并在多种因素的作用下，导致血管壁呈现多孔隙性变化，发生严重的溢血。在这种情况下，病程往往为急性经过，并以死亡告终。

③ 第三阶段：虫体在网状内皮系统进行几个世代的发育之后停止繁殖，网状内皮系统不再继续遭受损害；机体的造血功能、解毒功能有所恢复。但由于第二阶段的恶性发展，机体的重要器官遭受损害，甚至已造成不可逆的变化，往往不能很快或不能完全恢复其正常功能，故病情仍可能继续发展，这时常常可以看到，一方面是血液中的虫体逐渐消失，另一方面是血液的有形成分仍在继续减少，结果仍不免于死亡。

牛环形泰勒焦虫病的贫血不是溶血引起的，而是由于造血器官遭受破坏致使红细胞增生缓慢、发育不良造成的。因此，在临床上无血红蛋白尿，黏膜和浆膜的黄疸现象亦不明显。

四、症状

多呈急性经过。病程一般可区分为以下几个时期。

（1）潜伏期　在流行区，自然感染的潜伏期为 14～20 天；用蜱作人工感染时，潜伏期为 9～12 天，平均 10 天。此时无任何可见的变化。

（2）初期　潜伏期过后，症状开始出现。病牛的第一个表现是体温上升到 39～41.8℃，为稽留热。继之体表淋巴结（肩前或鼠蹊淋巴结）肿大、有痛感；角根发热，呼吸加快，每分钟 80～110 次；心跳加快，每分钟 80～120 次；精神略不振，食欲不佳；眼结膜潮红。体温升高后不久，即可在红细胞内发现虫体，开始很少，以后迅速增多。穿刺淋巴结做涂片镜检，可在个别淋巴细胞内见有石榴体。此期可延续 2～5 天。

（3）中期　精神显著委顿；食欲大减或废绝，反刍迟缓，瘤胃蠕动每分钟 1～2 次且不完全。放牧时不能随群，垂头耷耳，膁下陷，弓腰缩腹，喜孤立，或静卧于阴凉偏僻处，头弯伏于腹侧。先便秘，后腹泻，或二者交替，粪便常带黏液或血液。尿液淡黄或深黄，量少频尿，但无血尿，血红蛋白检查为阴性。体温上升到 40～42℃。鼻镜干，鼻孔流出清白黏液。眼流泪，有的角膜变为灰色，视力受损。可视黏膜贫血或呈黄红色，病重者在眼睑下有粟粒大小的溢血点。颈静脉波动明显，心搏有冲击感，音区扩大。血液变化显著，稀薄，呈淡红色；红细胞数下降至每立方毫米200万～300万，血红蛋白降至20%～30%；血沉加快；红细胞大小不均，出现异形现象；白细胞变化不大。此期的红细胞染虫率一般都随着病程的发展而逐渐增高；但有的病例，染虫率增高到一定程度即不再上升，这可能是由于机体产生了一定的抵抗力，使虫体的繁殖受到抑制的结果；或者是虫体繁殖到一定的世代而自行停止繁殖的结果。

（4）后期　如中期病情发展迅速、趋于恶化，则到后期，病牛食欲即完全废绝，卧地不起，反应迟钝。在眼睑、尾根和薄嫩的皮肤上出现粟粒至扁豆大小的、深红色结节状的溢血斑点，此为转归不良、趋向死亡的征兆。死亡常发生在发病后1～2周，亦有拖长达20日左右者。如中期病情的发展不十分严重，食欲尚能维持，并能得到适当的护理时，则病情可以好转，乃至自愈。

五、病理变化

尸僵明显，尸体消瘦，死于急性型者，膘度无明显下降。皮肤，尾根下和可视黏膜常有出血斑。胸、腹两侧皮下有很多出血斑和黄色胶样浸润；肩前淋巴结和其他体表淋巴结明显肿大，外观呈紫红色。剖开腹腔时，见大网膜呈黄色，有出血点；有多量黄色腹水。脾脏明显增大，为正常的2～3倍，被膜上有散布的出血点，脾髓软化，呈紫红色。肝大、质脆，色泽灰红或杏黄，被膜上有小的出血斑，肝门淋巴结肿大，有出血斑，剖面有汁液。胆囊肿大，为正常的2～3倍；胆汁呈褐绿色，稀稠不定，有时混有凝块样的黏稠物。肾脏外膜易剥离，有针尖到粟粒大小的出血点；皮、髓界限不清；肾盂水肿，有胶样浸润。肾上腺肿大出血，剖面有红黄色汁液；肾门淋巴结肿大。剖检消化道时，见食管及瘤胃浆膜面有出血点；第三胃内容物十分干涸，黏膜易脱落；第四胃黏膜肿胀，有大小不等的出血斑，并有高粱到蚕豆大小的溃疡斑，其边缘隆起，呈红色，中间凹，呈灰色，严重病例的病变面积可占全部黏膜的一半以上，是牛环形泰勒焦虫病的特征性的病变，很少有例外。肠系膜有程度不等的出血点；肠系膜淋巴结肿大，有出血点，剖面有灰红色汁液。剖检胸腔时，见其中有多量淡黄色液体；纵隔淋巴结肿大；胸壁有出血小点。心包内有积水；心内外膜上有出血斑点，以心尖外膜上为重；冠状动脉周围及其脂肪组织有明显的胶样浸润和出血斑点。肺脏有水肿和气肿，被膜上有小点出血；支气管和大支气管以及咽喉部的黏膜上均有出血斑点；肺门淋巴结肿大。骨内膜上有出血斑。在脑部，有少数病例有脑坏死和出血性梗死，大部分病灶在白质中。

由上可知，牛环形泰勒焦虫病的病理学变化，系以全身性出血、第四胃黏膜有溃疡斑和全身淋巴结肿大为其共有的主要特征，所不同者只是轻重程度不一而已。

六、诊断

应从下列几个方面做综合的分析和判断。

① 在流行病学方面，在隐伏地区和流行地区，病的发生有明显的季节性（6～8月份）。在安全区遇有可疑病牛时，应了解其来源——是否由流行区引入；检查有无蜱的存在，若有，应采集并作鉴定。

② 在进行临床诊断时，注意有无体温升高、是否为稽留热；有无体表淋巴结明显肿大、触之有无痛感和有无贫血等症状。

③ 死后剖检时，应注意有无全身性出血、全身性淋巴结肿大、第四胃黏膜有溃疡斑等特征性病变。

④ 病原检查包括血片检查，观察有无血液型虫体；做淋巴穿刺、抽取淋巴液涂片检查，或做尸体剖检时，取淋巴结、肝、脾、肺、肾和心肌等器官组织做压片或抹片检查，观察是否有石榴体。

红细胞染虫率的计算对病的发展或转归很有诊断意义。如染虫率不断上升，临床症状日益加剧，则病情危急、转归不良。

七、防治

1. 治疗

在病的早期，使用贝尼尔和阿卡普林等进行治疗，可以收到一定的效果。根据经验，应用国产贝尼尔治疗本病时必须加大剂量，每千克体重用7～10毫克，量小时效果不佳或无效；以灭菌蒸馏水配成7%溶液，分点在臀部或颈部做深层肌内注射，每日1次，连注3～4次为一疗程。必要时改为静脉注射，剂量为每千克5毫克，配成1%溶液，缓慢注入，每日1次，连注2次。黄色素的用法和用量同前述。对中期和一部分病危的牛，采用输血疗法，有明显效果。采健康牛血（与病牛血无交互凝集反应者）300～500毫升，静脉输入，可用2～3次。恢复期的牛，体质虚弱，贫血严重，要特别加强护理，增加营养，否则长期不能康复，还有死亡的危险。

2. 预防

预防的关键在灭蜱。要根据当地蜱的活动规律和生活习性制定灭蜱措施并严格执行。消灭残缘璃眼蜱需从以下几个方面着手。

（1）消灭圈舍内的幼蜱　在9～10月份，当牛体上的雌蜱全部落地、爬进墙缝准备产卵时，用泥土将圈舍内的所有洞穴（离地面1米高范围内）堵死，最好向泥土中加入六六六粉以提高效果，这样就可以把幼虫憋死在洞穴中。

（2）消灭圈舍内的若蜱和饥饿的成蜱　在4月间，大批若蜱落地、爬入墙缝，准备蜕化为成蜱，此时再用泥土勾抹墙缝（洞穴）1次，将饥饿的成蜱憋死在洞穴内，使不能传播病原体。

（3）定期草原放牧　饥饿的成蜱大约在5月初开始爬上牛体，因此，如能在4月下旬把牛群赶至草原放牧，一直到10月末再返回圈舍，这样就避开了成蜱侵袭吸血的那段时间。放牧点必须离圈舍2.5千米以外；同时要把空的圈舍封闭，不使任何牲畜进入。施行这项措施，首先必须充分了解蜱的生活史，并具备一定的放牧条件。

第四节　牛莫尼茨绦虫病

牛莫尼茨绦虫病是由裸头科莫尼茨属的扩展莫尼茨绦虫和贝氏莫尼茨绦虫寄生于牛小肠内引起的。本病在我国分布很广。许多地区呈地方流行性，对犊牛危害很重，甚至造成成批死亡。

一、病原

扩展莫尼茨绦虫和贝氏莫尼茨绦虫在外观上不易区别，均为大型绦虫。

扩展莫尼茨绦虫链体长1～5米（图10-4，彩图），最宽处约16毫米，呈乳白色。头节近似球形，上有4个近椭圆形的吸盘，无顶突和钩。节片的宽度大于长度，而链体后部的节片越往后则长与宽相差越小。成熟节片有两组生殖器官，在两侧对称分布。雌性生殖器官，两组各有一个卵巢和一个卵黄腺。卵巢与卵黄腺围绕着卵膜构成圆环形，阴道开口于两侧边缘

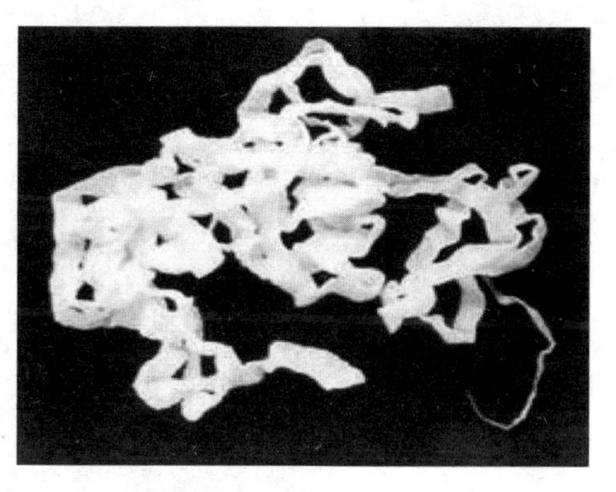

图10-4　扩展莫尼茨绦虫

的生殖孔管内。雄性生殖器官，有睾丸 300～400 个，散布于整个节片之中，两侧较密集，其输精管、雄茎囊和雄茎均与雌性生殖管并列，开口在两侧边缘的生殖孔内。在孕节，两个子宫互相会合成网状。卵形不一，呈三角形、方形或圆形，直径 50～60 微米，卵内有一个含有六钩蚴的梨形器，它是裸头科虫卵的特征。每个成熟节片的后缘附近均有 8～15 个泡状的节间腺，排成一行，这是和贝氏莫尼茨绦虫的主要区别点。

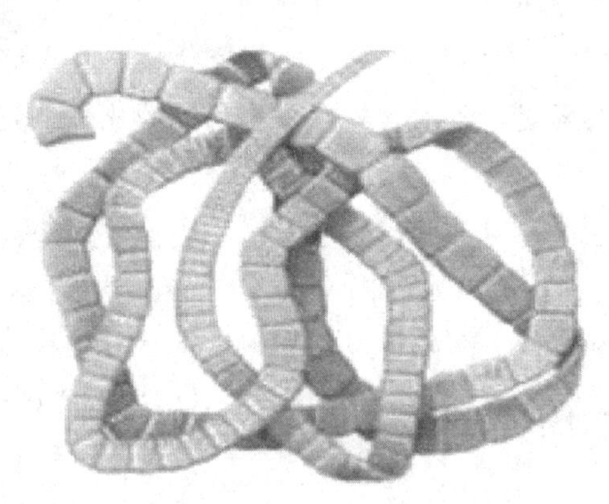

图 10-5　贝氏莫尼茨绦虫

贝氏莫尼茨绦虫链体长可达 6 米（图 10-5，彩图），最宽处为 26 毫米；睾丸数较多（约 600 个）；节片后缘附近的节间腺呈小点状密布，呈横带状，约为扩展莫尼茨绦虫节间腺分布范围的 1/3 长。两种虫卵不易区别。

二、生活史

莫尼茨绦虫必须要有中间宿主地螨参与。成虫脱卸的孕节或虫卵随宿主粪便排到外界，如被中间宿主地螨吞食，则六钩蚴在地螨消化道内孵出，穿过肠壁，进入血腔，发育为似囊尾蚴。据实验，在 27～35℃（平均 30.6℃）室内时，约经 40 天以上才能发育为成熟的似囊尾蚴；在 20℃、相对湿度为饱和室内时，需 47～109 天；在温带宜地螨活动的自然条件下，一般要经过 60 天甚至半年以上；地螨越冬时，似囊尾蚴亦停止发育。成熟的似囊尾蚴有感染性。终宿主将带有似囊尾蚴的地螨吞入时，地螨即被消化而释出似囊尾蚴，它们吸附于肠壁上经 45～60 天发育为成虫，并排出孕节，所以不到 2 月龄的羔羊有时就能有孕节排出。成虫在牛、羊体内的生活期限多为 2～6 个月，一般为 3 个月，超过此期限通常自行排出体外。

三、流行病学

扩展莫尼茨绦虫和贝氏莫尼茨绦虫为全球性分布。欧洲、美洲、大洋洲、亚洲等各洲牧区均有广泛的流行区域。在我国，西北、内蒙古和东北的广大牧区，几乎每年都有不少的绵羊、山羔羊和黄牛死于本病；西南、华中及东南各省的羊只也经常感染；农区虽不如牧区严重，但亦有局部流行。

本病的流行因素与地螨的生态特性有密切关系。据美国报道，美国牧区草场的地螨数量丰富、种类很多，已查出至少有8科18属25种地螨是莫尼茨绦虫的中间宿主。地螨白天躲在深的草皮下或腐殖土下，黄昏或黎明才爬出活动，此时放牧的牛、羊就易吃到带螨的草。据估计每英亩（约6.07亩）有6百万～9百万个地螨，似囊尾蚴对地螨的感染率为3%～4%，每个螨体的感染度平均产4～13个。他们认为在黄昏和黎明时，牛、羊每吃一磅（约453.6克）草就可吞食1200个地螨，无疑所吞食的似囊尾蚴也很可观；若不是羊、牛到了一定的月龄就有一定免疫力，羊只在这种永久草场放牧就不能生存下去。

我国牧区尚无上述性质的资料。福建省曾有报道：在该省仙游的莫尼茨绦虫病流行区曾查明有6种地螨能自然感染似囊尾蚴，它们是超肋甲螨、平滑肋甲螨、长毛腹翼甲螨、尔真腹翼甲螨、曲腹翼甲螨及一未定种甲螨，这六种甲螨的自然感染率除未定种者仅为0.06%外，其他五种在0.46%～0.61%。福建多雨季节是4～6月份，湿度最高，仅地螨生长繁殖达到最高峰；7月干旱，地螨数量急剧下降，9～10月份秋雨，数量又上升。

总括来说，地螨在适当的温度、高湿度和阴暗而富有腐殖质的土壤中极易滋生，反之在日照强或干燥的环境中则不能生长。地螨可生存18个月以上，每代地螨有9～12个月传播莫尼茨绦虫的时间。

另据国外文献记载，莫尼茨绦虫因种别不同而对宿主的易感性也有差别。扩展莫尼茨绦虫对羔羊易感，而贝氏莫尼茨绦虫则对犊牛易感。

四、致病作用

主要是由于虫体的体积巨大所引起，链体长达数米，其致病作用分以下三方面。

（1）机械作用　可引起肠阻塞而产生肠壁膨胀、肠卡他等反应；虫体成团时，堵塞肠管，可能导致肠梗阻、套叠、扭转甚至破裂的严重后果。

（2）毒素作用　虫体巨大，产生的新陈代谢物多，且有特殊毒害，如能引起神经中毒性旋回病样症状。

（3）夺取营养　虫体既大而生长又快，链体每日约可增长8厘米，数量多时，所需要的营养物数量就大，从而夺取宿主肠内已消化好的养分，而致宿主机体衰弱，病程恶化。

五、症状

本病临床症状无显著特异性，轻微感染时常不显症状或偶有消化不良的表现；但也有仅感染少数虫体甚至一条大的虫体就可引起临床症状甚至造成宿主死亡的病例。这取决于患病犊牛的抵抗力和母牛奶量以及气候饲养等条件。严重感染时，特别是伴有继发病时，就会产生明显的临床症状，还可造成宿主死亡。一般犊牛初期出现的症状多有食欲降低、饮欲增加的现象；下痢也常见。在粪便内可查到莫尼茨绦虫的节片或其碎片，有时节片成链吊在肛门处，继而出现贫血、消瘦、皮毛粗糙无光泽等现象，有的病牛因中毒而有抽搐与旋回运动，或头部向后抑的神经症状。有的病例因虫体成团引起肠梗阻，产生腹痛，甚至发生肠破裂，因腹膜炎而死亡。病的末期，患畜常因衰弱而卧地不起，多将头折向后方，经常做咀嚼运动，口周围留有许多泡沫。病牛感觉迟钝，对外界事物几乎没有反应。

六、病理变化

在胸腔、腹腔及心囊有不甚透明或浑浊的液体；肌肉色淡；肠黏膜、心膜和心包膜有明显的小出血点。小肠中有莫尼茨绦虫，寄生处有卡他性炎，有时可见肠壁扩张、臌气、肠套叠等现象。

七、诊断

由于莫尼茨绦虫病患畜的粪便中经常有绦虫孕节混合排出，所以易于诊断，如果怀疑犊牛患本病而未检查到孕节（绦虫未成熟时无节片排出），可采用诊断性驱虫。

八、防治

1.治疗

① 氯硝柳胺每千克体重100毫克，口服。

② 氯硝柳胺粗制品——血防67，每千克体重150毫克，口服。

③ 硫双二氯酚每千克体重75～100毫克，包在菜叶里口服。牛的用量减至30～50毫克。

2.预防

在本病流行区，凡犊牛开始放牧时，从第1天算起，到第30～35天之间，进行绦虫成熟期前驱虫（此时尚无孕节排出，亦即受感染的牛还没有向外界散布病原体）；第一次驱虫后10～15天，应再进行一次驱虫。

成年牛往往是带虫者，应同时驱虫。经过驱虫的牛，不要在原地放牧，及时转移到清净的安全牧场；如能有计划地与单蹄兽进行轮牧，可以得到良好的预防效果。

消除中间宿主——地螨的污染程度，可彻底改造牧场，如深翻改种三叶草等；或用农牧轮作法处理，不仅能大量地减少地螨，还可提高牧草质量。

避免在低湿地放牧；尽可能地避免在清晨、黄昏和雨天放牧，以减少感染。

第五节　牛皮蝇蛆病

牛皮蝇蛆病是由狂蝇科皮蝇属的牛皮蝇和纹皮蝇的幼虫寄生于牛的背部皮下组织内引起的一种慢性寄生虫病。皮蝇幼虫偶尔也能寄生于马、驴和野生牛的背部皮下组织内。本病在我国西北、东北或内蒙古牧区流行甚为严重，其他省份的由流行地区引进的牛只也有发生。由于皮蝇幼虫的寄生，可使患牛消瘦，幼犊发育受阻，产乳量下降，皮革的质量降低，造成经济上的巨大损失。

一、病原

皮蝇成虫较大，体表密生有色长绒毛，形状似蜂。复眼不大，有三个单眼。触角芒简单，无分支。腋瓣大。口器退化，不能采食，也不能叮咬牛只。

（1）牛皮蝇　成蝇体长约 15 毫米。头部被有浅黄色的绒毛。胸部前端部和后端部的绒毛为淡黄色，中间为黑色。腹部的绒毛，前端部为白色，中间为黑色，末端部为橙黄色。雌蝇的产卵管常缩入腹内。卵呈淡黄色，长圆形，表面带有光泽，后端有长柄附着于牛毛上。大小为（0.76～0.8 毫米）×（0.22～0.29）毫米。一根牛毛上只黏附一个蝇卵。第一期幼虫呈黄白色，半透明，长约 0.5 毫米，宽 0.2 毫米。体分 12 节，各节密生小刺。口钩呈新月状，前端分叉，腹面无尖齿。虫体后端有两个黑色圆点状的后气孔。第二期幼虫体长 3～13 毫米，后气门板色浅。第三期幼虫（成熟幼虫）体粗壮，长可达 28 毫米，棕褐色。背面较平，腹面稍隆起，有许多结节和小刺。体分 11 节，最后两节的腹面无刺。有两个后气孔，气门板呈漏斗状。

（2）纹皮蝇　成蝇体长约 13 毫米。体表被毛与牛皮蝇相似，但稍短，虫体略小。胸部的绒毛为淡黄色，胸背除有灰白色绒毛，还显示出有四条黑色发亮的纵纹。卵与牛皮蝇的相似，一根牛毛上可黏附数个至 20 个成排的蝇卵。第一期幼虫的形态与牛皮蝇相似，但口钩前端尖锐、无分叉，腹面有一个向后的尖齿。

第二期幼虫的气门板色较浅而小。第三期幼虫（成熟幼虫）体长可达 26 毫米，最后一节的腹面无刺，气门板浅平。

二、生活史

牛皮蝇与纹皮蝇的生活史基本相似。属于全变态，整个发育过程需经卵、幼虫、蛹和成虫四个阶段。

成蝇系野居，蝇自由活动，不采食，也不叮咬牛。一般多在夏季出现，在阴雨天气隐蔽，在晴朗炎热无风的白天则飞翔交配或侵袭牛只产卵。成蝇在外界只能生活 5～6 天，雌蝇产卵后死亡。成蝇产卵的部位随皮蝇种类不同而异，牛皮蝇卵产生于牛的四肢上部、腹部、乳房和体侧的被毛上；纹皮蝇卵产于后腿球节附近和前腿部。每一雌蝇一生能产 400～800 个卵。卵经 4～7 天孵出第一期幼虫，第一期幼虫沿着毛孔钻入皮内，在体内深部组织中移行蜕化。大约在感染后 2～5 个月，纹皮蝇的第二期幼虫可在食管部的浆膜下或黏膜下被发现，它们在该处停留 5 个月，然后顺着膈肌向背部移行。牛皮蝇第一期幼虫不经过食管，直接向背部移行。皮蝇幼虫到达背部皮下后，皮肤表面出现瘤状隆起（图 10-6，彩图），随后隆起处出现直径 0.1～0.2 毫米的小孔，幼虫以其后气孔朝向那里；这时第三期幼虫的体积增大，同时小孔的直径也显著增大，从隆包中钻出，附近可见几个指头大的隆起的囊包（图 10-7，彩图）。牛皮蝇幼虫在背部皮下停留两个半月，纹皮蝇幼虫在背部皮下停留 2 个月。第三期幼虫成熟后即由皮孔蹦出，落在地上或厩肥内变成蛹，蛹期 1～2 个月，其后羽化为成蝇。幼虫在牛体内寄生 10～11 个月，整个发育过程需要 1 年左右。

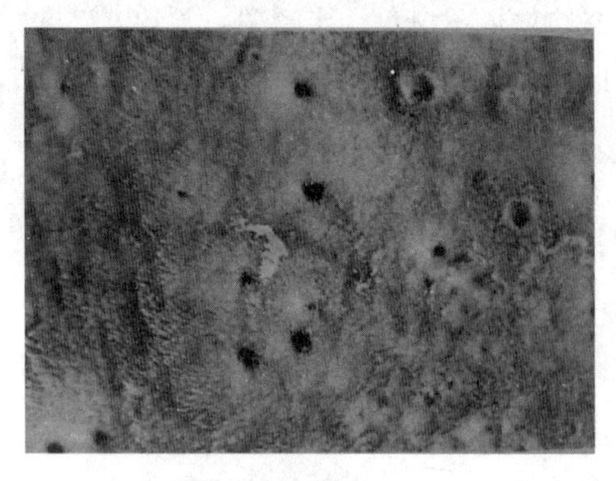

图 10-6 牛皮蝇的幼虫在背部皮肤形成的隆包和钻出的许多空洞

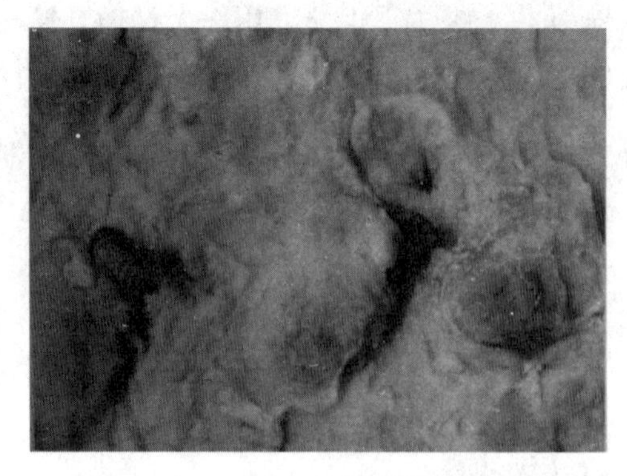

图 10-7 牛皮蝇第三期幼虫正从隆包中钻出，附近可见几个指头大的隆起的囊包

成蝇出现的季节随各地气候条件和种类不同而有差异。在同一地区，纹皮蝇出现的季节比牛皮蝇为早，纹皮蝇出现的季节一般在每年4～6月份，牛皮蝇为6～8月份。牛只的感染多发生在夏季炎热、成蝇飞翔的季节里。

牛皮蝇幼虫也有偶然寄生在人体皮下的报道，曾有在阴茎、肩部、腋部甚至眼球内发现幼虫的事例。人的感染是由雌蝇产卵于人的毛发上或衣服上孵出幼虫，或牛体上的幼虫黏附于人皮肤上，钻入皮内造成的。幼虫在人体内的移行和发育与在牛体内相似，可引起疼痛和抽搐等症状。

三、致病作用与症状

幼虫钻入皮肤时，引起皮肤痛痒，精神不安，患部生痂。幼虫在深层组织内移行时，造成组织损伤。幼虫寄生在食管时可引起浆膜发炎。当幼虫移行到背部皮下时，可引起皮下结缔组织增生，在寄生部位发生瘤肿状隆起和皮下蜂窝织炎。皮肤稍为隆起，继而皮肤空孔，损伤牛皮，如有细菌感染可引起化脓，形成瘘管，经常有脓液和浆液流出，直到成熟幼虫脱落后，瘘管始逐渐愈合，形成瘢痕，影响皮革价值。皮蝇幼虫的毒素，对牛的血液和血管壁有损害作用，因此可引起贫血和肌肉稀血症。严重感染时，患畜消瘦，肉质降低；幼畜生长缓慢，贫血；母牛产乳量下降；役畜的使役能力降低。有时皮蝇幼虫钻入延脑或大脑，可引起神经症状，如做后退运动、突然倒地、麻痹或晕厥等，重者可造成死亡。

成蝇虽不叮咬牛只，但当雌蝇飞翔产卵时，可引起牛只不安、踢蹴、恐惧、吃草不得安宁；由于恐惧或长时间地站立于高坡上或停留于河水中，牛只变得消瘦。特别是牛皮蝇产卵时更为凶猛，常突然冲击牛体，牛因惊慌而奔跑，可能引起牛跌伤、流产或死亡。

四、诊断

幼虫出现于背部皮下时易于诊断。最初在牛的背部皮肤上可以摸到长圆形的硬节，再经一个多月即出现瘤肿样的隆起，在隆起的皮肤上有小孔，小孔周围堆集着干涸的脓痂。孔内通结缔组织囊，其中含有一个幼虫，发现这种情况即可确诊。此外，流行病学资料包括当地的流行季节和病牛的来源等，对本病的诊断也有很重要的参考价值。

五、防治

消灭寄生于牛体内的幼虫，在防治牛皮蝇蛆病中具有极重要的作用。要控制或消灭本病，还需要了解和掌握皮蝇的生物学特性，如成蝇产卵和活动的季节、各期幼虫的寄生部位和寄生时间等，只有具备这些基础资料，才能制定出行之有效的防治措施。

(1) 倍硫磷（拜耳 29493） 剂量为成年牛 1.5 毫升，青年牛 1～1.5 毫升，犊牛 0.5～1 毫升，臀部肌肉注射。对皮蝇第 1～2 期幼虫的杀虫率可达 95%以上。注射时期应在 11 月份。本药效果好，使用方便，是一种杀灭皮蝇幼虫的新杀虫药。

(2) 蝇毒磷 牛的剂量为每千克体重 10 毫克，臀部肌内注射，对纹皮蝇的移行期幼虫有一定的杀灭作用。

(3) 用 2%敌百虫水溶液 300 毫升，在牛背部涂擦 2～3 分钟，大部分幼虫即软化死亡，5～6 天后瘤状隆起显著缩小；一次涂擦，其杀虫率可达 90%～95%。或只在牛皮肤上的孔处涂擦，涂擦前先消除皮孔附近的干涸的脓痂，使皮孔外露，使药液接触虫体；1 次涂擦即可使大部分幼虫软化死亡，其杀虫率约 96.68%。本药对牛十分安全。涂擦时间可按各地皮蝇发育情况而定，一般从 3 月中旬开始至 5 月底，每隔 30 天处理 1 次，共处理 2～3 次，即可达到全面防治的目的。

(4) 手工灭虫 在牛数不多的情况下，可用此法。到幼虫成熟末期，牛皮肤上的皮孔增大，可以看到幼虫的后端；这时可用手指压迫皮孔周围，把幼虫从瘤肿内挤出，并将挤出的幼虫杀死。由于幼虫的成熟时间不同，故每隔 10 天需重复操作。但必须注意不要将虫体摔破，否则虫体的抗原性物质被牛体吸收会引起过敏现象。

(5) 在流行地区，每逢皮蝇活动季节，可用 4%～5%滴滴涕或 0.5%六六六乳剂对牛体进行喷洒，每隔 10 天喷洒 1 次，可杀死产卵的雌蝇或由卵孵出的幼虫。

第六节 牛球虫病

牛球虫病以出血性肠炎为特征，主要发生于犊牛。

一、病原

牛的球虫有十余种，以邱氏艾美耳球虫的致病力最强，而且最为常见；其他各类的致病力甚微或尚缺乏了解。在内蒙古地区，邱氏艾美耳球虫的分布甚广。

二、流行病学

各种品种的牛都有易感性；2 岁以内的犊牛发病率高，死亡率亦高，老龄牛多系带虫者。多发于放牧期；特别是放牧在潮湿、多沼泽的牧场时最易发病，因为潮湿有利于球虫的发育和生存。冬季舍饲期间也可能发生；饲料、垫草和母牛乳房被粪便污染时常引起犊牛感染。由舍饲改为放牧或由放牧转为舍饲时，由于饲料的突然变换，容易诱发本病。患某种传染病时（如口蹄疫等），由于机体的抵抗力减弱，也容易诱发本病。犊牛的肠道线虫病有诱发球虫病的作用。实验感染证明，感染少量牛艾美耳球虫的感染性卵囊时，不致引起疾病发作，反而能激发一定的免疫力；感染 10 万个以上产生明显的症状；感染 25 万个以上，致犊牛死亡。

三、致病作用

牛球虫主要寄生在小肠下段和整个大肠的上皮细胞内。在裂殖阶段，使黏膜上皮大量遭受破坏；黏膜下层出现淋巴细胞浸润，并发生溃疡和出血。肠黏膜被大量破坏之后，造成了有利于肠道腐败细菌生长繁殖的环境，其所产生的毒素和肠道中的其他有毒物质被吸收后，引起全身性中毒，导致中枢神经系统和多个器官的功能失调。

四、症状

潜伏期为 2～3 周，有时达 1 个月。发病多为急性型。急性型的病期通常为 10～15 天；个别情况有在发病后 1～2 天内引起犊牛死亡的。约 1 周后，牛精神更加沉郁，身体消瘦，喜躺卧，体温升至 40～41℃。瘤胃蠕动增强，排带血的稀粪，其中混有纤维性薄膜，伴恶臭。后肢及尾部被粪便污染。末期粪呈黑色，几乎全为血液，体温下降，在极度贫血和衰弱的情况下死亡。慢性型的病牛一般在发病后 3～5 天逐渐好转，但下痢和贫血症状仍持续存在，病程可能缠绵数月，也有因高度贫血和消瘦而死亡的。

五、病理变化

尸体极度消瘦，可视黏膜贫血；肛门敞开、外翻，后肢和肛门周围为血粪污染。直肠黏膜肥厚，有出血性炎症变化；淋巴滤泡肿大突出，有白色和灰色的小病灶，同时在这些部位常常出现直径为4～15毫米的溃疡（图10-8，彩图），其表面覆有凝乳样薄膜，直肠内容物呈褐色，带恶臭，有纤维性薄膜和黏膜碎片。肠系膜淋巴结肿大发炎。

六、诊断

必须从流行病学、临床症状和病理变化等方面作综合分析；并镜检粪便和直肠刮取物，发现卵囊是作出确诊的重要根据（图10-9，彩图）。临床上以血便、带恶臭、剖检时见直肠有特殊的出血性炎症和溃疡最有诊断意义。应注意与大肠杆菌病的鉴别诊断。后者多见于生后数日内的犊牛，而球虫病则多发生于1个月以上的犊牛。大肠杆菌病的病变特征之一是脾大。慢性球虫病与副结核病有某种相似，后者的病程很长，体温常不升高，粪中间或有血丝。

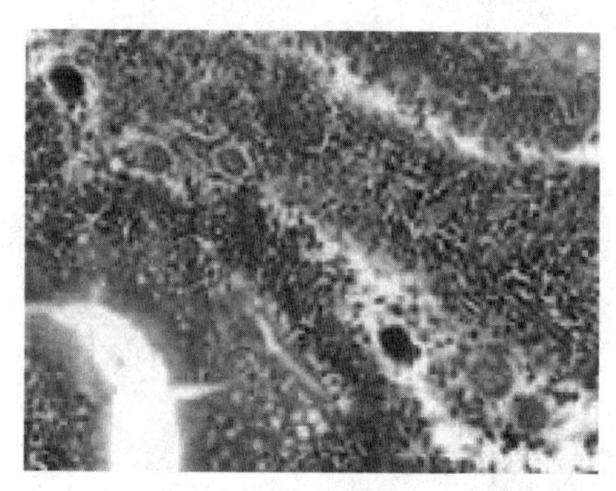

图10-8　牛球虫病，淋巴滤泡肿大突出，有白色和灰色的小病灶，同时在这些部位常常出现直径4～15毫米的溃疡

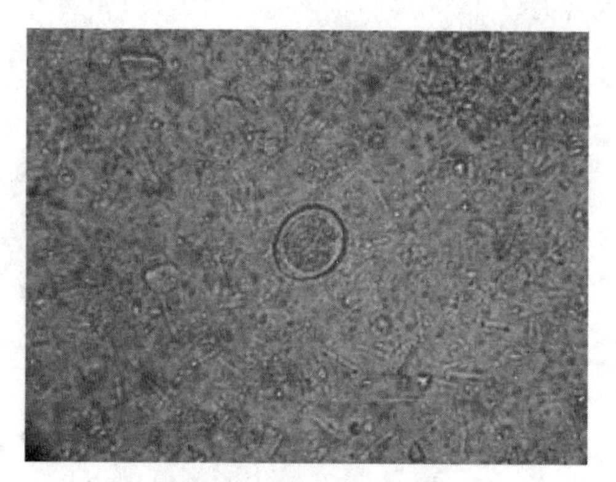

图10-9　牛球虫病，镜检粪便和直肠刮取物，发现卵囊

七、防治

1. 治疗

应用磺胺甲嘧啶和磺胺二甲嘧啶比其他磺胺类药物为好，可减轻症状，抑制疾病的发展，但不能制止下痢。口服氨丙啉和林古霉素或静注磺胺二甲嘧啶，有杀死球虫和抑制球虫繁殖的作用。贫血严重时应考虑输血，并结合应用止泻、强心和补液等对症疗法。

2. 预防

采取隔离-治疗-消毒的综合性措施。成年牛多系带虫者，故犊牛应与成年牛分群饲养管理，放牧场也应分开。牛舍、牛圈要天天打扫，将粪便和垫草等污物集中运往贮粪地点，进行消毒。定期用沸水、2%氢氧化钠或1%克辽林溶液消毒地面、牛栏、饲槽、饮水槽等，一般可每周一次。饲料和饮水要严格避免牛粪污染。哺乳母牛的乳房要经常擦洗。球虫病往往在突然变换饲料种类时发生，因此要注意逐步过渡，不可突然变换。

第十一章 牛的普通病

第一节 牛口炎

一、症状

减食、小心咀嚼，严重时不能采食，唾液多，呈丝状，带有泡沫从口角中流出。口腔内温度高，黏膜潮红肿胀，舌苔厚腻，气味恶臭，有的口黏膜上有水疱或水疱破溃后形成溃疡。

二、诊断

根据局部温度增高、疼痛、咀嚼缓慢、流涎等症状可进行诊断。

三、病因

① 采食粗硬的饲料、食入尖锐异物或谷类的芒刺以及牛本身牙齿磨合不正。

② 误食有刺激性的物质，如生石灰、氨水和高浓度刺激性的药物。

③ 饲喂发霉的饲草可引起霉菌性口炎。

④ 吃了有毒植物或饲料中维生素缺乏等。

⑤ 继发于某些传染病，如口蹄疫、牛恶性卡他热等。

四、防治

1. 预防

① 加强饲养管理，精心喂养，饮水要卫生。

② 不要喂粗硬带芒的草料和防止严重损伤口舌的刺激性异物进入口腔，如口腔内有芒刺等异物要取出。

③ 对病牛应加强管理，做好消毒和隔离工作，杜绝传染。

2.治疗

（1）先去除口腔中的异物，喂给柔软易消化的饲料。

（2）可用1%食盐水或2%～3%硼酸液或2%～3%碳酸氢钠溶液冲洗口腔，一日2～3次。口腔恶臭时用0.1%高锰酸钾溶液冲洗口腔。口腔分泌物过多时，可用1%明矾液或1%鞣酸液洗口腔。

（3）口腔黏膜溃烂或溃疡时冲洗口腔后可用碘甘油（5%碘酒1份、甘油9份）或10%磺胺甘油乳剂涂抹，每日2次。也可用青霉素1000单位加适量蜂蜜混匀后涂患部，每日数次。

（4）体温升高、不能采食时，静注10%或25%葡萄糖液1000～1500毫升，结合青霉素或磺胺制剂疗法等，每天2次经胃管投入流质饲料。

（5）中药治疗

① 用清水或者淡盐水冲洗口腔后，再用白砂糖直接撒在口中，每天3次，5～6天可愈。

② 山药30克，冰糖30克，共研为末，撒在口腔患处。

③ 蒲黄、干姜各等份，共研为末，涂在舌上后再揉搓。

④ 蜂蜜300克，冰片4克，碳酸氢钠35克，加温后混合成膏状，装入布袋，含在口中。

⑤ 穿心莲10～16克，煎水灌服。

⑥ 青黛10克，冰片2克，共研为末，每日涂在舌上少许。

第二节　牛前胃弛缓

前胃弛缓是由于各种病因导致前胃神经兴奋性降低，肌肉收缩力减弱，瘤胃内容物运转缓慢，微生物平衡失调，产生大量发酵和腐败物质的一种疾病。临床上以食欲减退、反刍障碍、前胃蠕动功能减弱或停止为特征。

一、病因

牛前胃弛缓分为原发性前胃弛缓和继发性前胃弛缓两大类。原发性前胃弛缓的原因，主要是由于饲养不当引起的。当长期饲喂粗硬劣质、难以消化的饲料（如豆秸、糠秕、高秆等），强烈刺激胃壁，尤其在饮水不足的情况下，前胃内容物易缠绕成难以下咽的块状物，影响瘤胃微生物的消化活动；反之，当长期饲喂柔软细小或缺乏刺激性的饲料（如麸皮、面粉、细碎精料等），不足以兴奋前胃功能，均易引发前胃弛缓。饲喂品质不良的草料（如发酵变质的青草、青贮料、酒糟、豆腐渣等），或草料突然变换，前胃功能一时不易适应，也是造成前胃弛缓的原因。另外，血钙水平降低、管理不当，如过度使役或运动不足等，也是引起原发性前胃弛缓的诱因。

继发性前胃弛缓是在瘤胃臌气、瘤胃积食、创伤性网胃炎、酮血病、皱胃变位、肝片吸虫病及腹膜炎等病过程中，经常影响前胃功能，继发性前胃弛缓。

二、症状

牛前胃弛缓在临床上表现出的症状有急性和慢性两种情况。

（1）急性前胃弛缓　食欲、饮水减退，进而多数患牛食欲废绝，反刍无力，且次数减少甚至停止。瘤胃蠕动音减弱或消失；网胃及瓣胃蠕动音也减弱；瘤胃触诊，其内容物松软，有时会出现间歇性臌气。发病初期，粪便变化不明显，随后粪便坚硬、色暗、表皮包有黏液，继发肠炎时，排棕褐色粥样或水样粪便。

（2）慢性前胃弛缓　其症状和急性相似，但病程长，病势缓慢，病牛往往表现为精神沉郁，鼻镜干燥，食欲减退或消失，偏食、异嗜，经常磨牙，反刍和嗳气减少，嗳出的气体伴有恶臭。瘤胃蠕动音减弱或消失，触诊内容物松软或呈黏硬感，多见慢性轻度瘤胃臌气。肠鸣音显著减弱，排粪迟滞，粪便干硬色暗，呈黑色泥炭状或排恶臭稀便。随着病情的发展，逐渐消瘦、贫血，被毛粗乱，皮肤干燥，眼球凹陷，鼻镜龟裂，甚至卧地不起。

三、治疗

前胃弛缓的治疗原则：改善饲养管理，排除病因，增强神经体液调节功能，恢复前胃运动功能，改善和恢复瘤胃内环境，防止脱水和自体中毒。

1. 去除病因，加强护理

原发性前胃弛缓，病初禁食1～2天后，少量多次给予适口性好的、容易消化的干草或放牧，增进消化功能。迅速纠正不合理的饲养管理因素；继发性的应首先查明并治疗原发病。

2. 增强神经调节功能，恢复前胃运动功能

① 可用卡巴胆碱 4～6 毫克；或新斯的明 10～20 毫克；或普鲁卡因 30～50 毫克皮下注射。但对病情危急、心脏衰弱、妊娠母牛，则需禁止应用，以防虚脱和流产。在病的初期，宜用硫酸钠或硫酸镁 300～500 克、鱼石脂 10～20 克、温水 6000～10000 毫升，一次内服；或用液状石蜡 1000 毫升、复方龙胆酊 20～30 毫升，一次内服，以促进瘤胃内容物运转与排除。

② 促反刍液，应用 10%氯化钠溶液 100 毫升、5%氯化钙溶液 200 毫升静脉注射，可促进前胃蠕动，提高治疗效果。

③ 应用缓冲剂，调节瘤胃内容物 pH。当瘤胃内容物 pH 降低时，宜用氧化镁 200～400 克，配成水乳剂，并用碳酸氢钠 50 克，一次内服。反之，pH 增高时，可用稀醋酸或食醋 1000～4000 毫升，内服，具有较好的疗效。另外，采取健康牛瘤胃内容物疗法，效果显著。

3. 防腐止酵

可用稀盐酸 15～30 毫升、酒精 100 毫升、煤酚皂溶液 10～20 毫升、常水 500 毫升或鱼石脂 10～20 克、酒精 50 毫升、常水 1000 毫升，一次内服，每天 1 次。伴发瓣胃阻塞、消化障碍、病情严重时，可先用液状石蜡 1000 毫升，内服，同时应用新斯的明或卡巴胆碱，促进前胃蠕动及其排空作用，连用数天，若不见效，即做瘤胃切开，取出其内容物，冲洗瓣胃，疏通胃肠道。

4. 防止脱水和自体中毒

伴发脱水和自体中毒时，可用 25%葡萄糖溶液 100～1000 毫升，静脉注射；或用 5%葡萄糖氯化钠溶液 1000～2000 毫升、40%乌洛托品溶液 20～40 毫升，静脉注射。处于泌乳期的病牛，继续泌乳（尽管泌乳量降低），会引起低钙血症，故应静脉注射葡萄糖酸钙以补充钙。

5. 中药治疗

依据辨证施治原则，着重健脾和胃、补中益气为主，牛宜用四君子汤。

此外，也可用红糖 250 克、生姜 200 克（捣碎），开水冲，内服，具有和脾暖胃、温中散寒的功效。

四、预防

加强饲养管理，禁止突然变更饲料或任意加料。注意劳逸结合和适当运动，减少应激反应。

第三节　牛瘤胃积食

牛瘤胃积食是由于瘤胃内积滞过多的粗饲料，引起胃体积增大，瘤胃壁扩张，瘤胃正常的消化和运动功能紊乱的疾病。触诊坚硬，瘤胃蠕动音减弱或消失。牛瘤胃积食也叫急性瘤胃扩张。

一、病因

① 过多采食容易膨胀的饲料，如豆类、谷物等。

② 采食大量未经铡断的半干不湿的甘薯秧、花生秧、豆秸等。

③ 突然更换饲料，特别是由粗饲料换为精饲料又不限数量，易致发本病。

④ 因体弱、消化力不强、运动不足、采食大量饲料而又饮水不足所致。

⑤ 瘤胃弛缓、瓣胃阻塞、创伤性网胃炎、真胃炎和热性病等也可继发。

二、症状

根据病牛采食的饲草料种类以及大量采食程度不同，会表现出不同的临床症状。

发病初期，病牛食欲不振或者废绝，饮欲减弱或者停止，鼻镜干燥，反刍减少或者停止，拱起背腰，站立不安，起卧时会出现摇尾，频繁用后肢踢腹，磨牙并发出呻吟。

接着左下腹会不断膨大，而左肷部逐渐平坦（图 11-1，彩图）。对瘤胃区进行触诊，如同捏粉样，尽管感觉坚实，但容易出现压陷；进行听诊，发现蠕动减弱或者完全停止；进行叩诊，能够听到浊音，有时还会在上部听到鼓音。

图 11-1　牛瘤胃积食，左下腹会不断膨大，而左肷部逐渐平坦

三、治疗

治疗原则：应及时清除瘤胃内容物，恢复瘤胃蠕动，解除酸中毒。

（1）按摩疗法 在牛的左肷部用手掌按摩瘤胃，每次5～10分钟，每隔30分钟按摩一次。结合灌服大量的温水，则效果更好。

（2）腹泻疗法 硫酸镁或硫酸钠500～800克，加水1000毫升，液状石蜡或植物油1000～1500毫升，给牛灌服，加速排出瘤胃内容物。

（3）促蠕动疗法 可用兴奋瘤胃蠕动的药物，如10%高渗氯化钠300～500毫升，静脉注射，同时用新斯的明20～60毫升，肌注能收到好的治疗效果。

（4）洗胃疗法 用直径1.5～2厘米、长250～300厘米的胶管或塑料管一条，经牛口腔导入瘤胃内，然后来回抽动，以刺激瘤胃收缩，使瘤胃内液状物经导管流出。若瘤胃内容物不能自动流出，可在导管另一端连接漏斗，向瘤胃内注温水3000～4000毫升，待漏斗内液体全部流入导管内时，取下漏斗并放低牛头和导管，用虹吸法将瘤胃内容物引出体外。如此反复，即可将精料洗出。

（5）病牛饮食欲废绝、脱水明显时，应静脉补液，同时补碱，如25%葡萄糖500～1000毫升，复方氯化钠液或5%糖盐水3～4升，5%碳酸氢钠液500～1000毫升等，一次静脉注射。

（6）切开瘤胃疗法 重症而顽固的积食、应用药物不见效果时，可行瘤胃切开术，取出瘤胃内容物。

四、预防

预防在于加强饲养管理，合理配合饲料，定时定量，防止过食，避免突然更换饲料，粗饲料要适当加工软化后再喂。注意充分饮水，适当运动，避免各种不良刺激。

第四节 牛瘤胃酸中毒

瘤胃酸中毒多发生于奶牛。主要是精饲料喂量过多，精粗饲料比例不当所造成。以1～3胎的奶牛发病最多，7胎后的发病较少。一年四季均可发生，但以冬春季较多。临产牛和产后3天内的发病较多。发病与产奶量成正比例关系，产奶量愈多，发病率愈高。

一、症状

病牛以消化紊乱、瘫痪和休克为主要特征。急性病例步态不稳，呼吸急促，往往在表现症状后1～2小时内死亡，临死前张口吐舌、高声哞叫、摔头蹬腿、卧地不起，并从口腔内流出泡沫状含血液体。亚急性病例食欲废绝、精神沉郁、呆立、眼窝凹陷、肌肉震颤，病情较重者瘫痪（图11-2，彩图），头向背侧弯曲，呈角弓反张状，同时四肢伸直、呻吟、磨牙、眼睑闭合呈睡状。

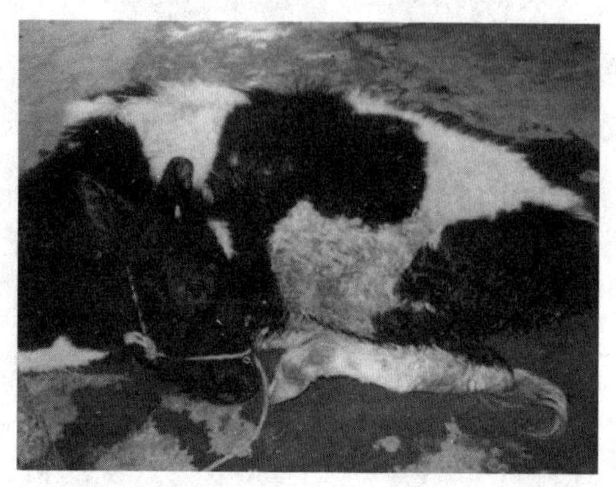

图11-2 牛瘤胃酸中毒，食欲废绝、精神沉郁、呆立、眼窝凹陷，病情较重者瘫痪

二、诊断

（1）观察临床症状　本病发病急，病程短，常无明显前驱症状，多于采食后3～5小时内死亡。慢性者卧地不起，于分娩后3～5小时瘫痪卧地，头、颈、躯干平卧于地，四肢僵硬，角弓反张，呻吟，磨牙，兴奋，甩头，而后精神极度沉郁，全身不动，眼睑闭合，呈昏迷状态。

（2）剖检病死牛　消化道广泛充血、出血，瘤胃上皮水肿、出血，瘤胃内容物酸臭。

（3）实验室诊断　病牛血液二氧化碳结合力降低，尿液pH也降低。结合临床症状可以确诊。

（4）鉴别诊断　因本病多发生于分娩后，有瘫痪卧地症状，所以极易与产后瘫痪混淆。其区别：产后瘫痪颈部呈S形弯曲，末梢知觉减退，通常无躺卧、腹泻和神经兴奋症状，钙剂治疗效果显著，多于治疗后1～2天痊愈。

三、治疗

（1）解毒　常用5%碳酸氢钠注射液1000～1500毫升静脉注射，12小时再注射一次。当尿液pH在6.6时即停止注射。

（2）补充水和电解质　常用5%葡萄糖生理盐水，每次2000～2500毫升。病初量可稍大。

（3）防止继发感染　可用抗生素，如庆大霉素 100 万单位，或四环素 200 万～250 万单位，一次静脉注射，每天 2 次。

（4）降低颅内压，解除休克　当病牛兴奋不安或甩头时，可用山梨醇或甘露醇，每次 250～300 毫升，静脉注射，每天 2 次。

（5）洗胃疗法　近年来，实验证明通过洗胃、除去胃内容物、降低瘤胃渗透压的方法，治疗牛瘤胃酸中毒效果良好。其方法：是用内径 1.5～2 厘米的塑料管经鼻洗胃，管头连接双口球，用以抽出胃内容物和向胃内打水，应用大量水洗出胃内容物。即使昏迷的病牛，加强抢救也可使之康复。对呼吸困难、有窒息先兆者，应静脉注射 3%双氧水 200 毫升和 25%葡萄糖溶液 2000 毫升，注射后继续洗胃。

四、预防

（1）干奶期的营养水平　干奶期奶牛的营养水平不应过高，严禁增料催膘、催奶和偏饲，每天应保证供给 3～4 千克干草。

（2）日粮中加碳酸氢钠等　精料饲喂量高的牛场，日粮中可加入 2%碳酸氢钠、0.8%氧化镁（按混合料量计算）。

第五节　牛创伤性网胃炎

牛创伤性网胃炎是由于饲料中混入金属异物（如铁钉、铁丝、铁片等）及其他尖锐异物，被采食吞咽落入并刺伤网胃，临床以顽固性前胃弛缓、瘤胃反复鼓胀、消化不良、网胃区敏感性增高为特征的前胃疾病。

一、病因

牛采食迅速，并不充分咀嚼，以唾液裹成食团，囫囵吞咽，往往将混入饲料的尖锐异物吞咽入网胃，导致本病发生。在瘤胃积食或膨胀、重剧劳役、妊娠、分娩以及奔跑、跳沟、滑倒、手术保定等过程中，腹内压升高，从而导致本病的发生和发展。

二、发病机理

牛的口腔颊部黏膜有大量的锥状乳头，舌面粗糙，舌背上又有许多尖端向后的角质锥状乳头，并且采食迅速，咀嚼不充分，又有舔食异物的习性，在饲养管理不注意的情况下，往往将金属异物随同食物咽下。因网胃体积小，收缩力强，胃的前壁与后壁容易接触，落入网胃的尖锐异物，即使短小，也容易刺进胃壁，并以胃壁成为尖锐异物的支点，向前可刺损膈、心、肺，向后则刺损肝、脾、瓣胃、肠和腹膜，病情变得复杂而重剧。

三、症状

通常存留在网胃内的异物，当分娩阵痛、长途输送、犁田耙地、瘤胃积食以及其他致使腹腔内压增高的因素影响下，突然呈现临床症状。

病的初期，一般多呈现前胃弛缓、食欲减退，有时异嗜，瘤胃收缩力减弱，反刍受到抑制而弛缓，不断嗳气，常常呈现间歇性瘤胃膨胀。肠蠕动减弱，有时发生顽固性便秘，后期下痢，粪有恶臭。奶牛的泌乳量减少。由于网胃疼痛，病牛有时突然骚扰不安。病情逐渐增剧，久治不愈，并因网胃和腹膜或胸膜受到金属异物损伤而呈现各种临床症状。

（1）姿态异常　常采取前高后低的站立姿势，甚至前肢攀登于饲槽之上，或以后肢踏在尿沟内，头颈伸展，肘关节向外展，拱背。

（2）运动异常　牵病牛行走时，忌下坡、跨沟或急转弯；牵在砖石或水泥路面上行走时止步不前或行动缓慢。当卧地、起立时，因感疼痛，极为谨慎，肘部肌肉颤动，甚至呻吟和磨牙。病牛立多卧少，一旦卧地后不愿起立，或持久站立不愿卧下，也不愿行走。

（3）网胃区叩诊　叩诊网胃区，病牛有疼痛感，呈现不安、呻吟退让、躲避或抵抗。

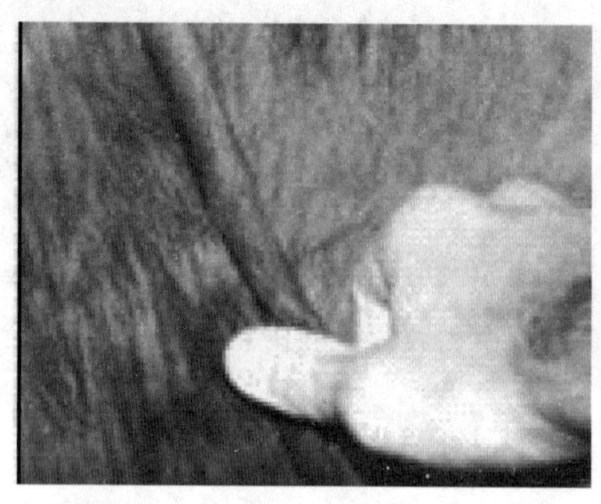

图 11-3　牛网胃炎，双手将鬐甲皮肤捏成皱襞，病牛表现出敏感不安、呻吟

（4）网胃敏感检查　用力压迫胸椎脊突和剑状软骨，双手将鬐甲皮肤捏成皱襞，病牛表现出敏感不安、呻吟，并引起背部下凹现象（图 11-3，彩图）。或用一根木棍通过剑状软骨区的腹底部猛然抬举，给网胃施加强大压力，对急性病例阳性反应最明显。

（5）诱导反应　应用副交感神经兴奋剂皮下注射，促进前胃运动功能，病情随之增剧，表现疼痛不安状态。

（6）血象检查　白细胞总数增多，其中中性粒细胞增多，淋巴细胞减少，核左移。

（7）全身机能状态　体温、呼吸、脉搏在一般病例无明显变化，但在网胃穿孔后，最初几天体温可能升高至40℃以上，之后降至正常，转为慢性过程，精神沉郁，消化不良，病情时而好转、时而恶化，逐渐消瘦。乳牛突出的症状是在病的一开始泌乳量显著下降。

四、诊断

（1）观察临床症状　食欲和反刍减少，表现弓背、呻吟、消化不良、胸壁疼痛、间隔性膨胀。用手捏压甲部或用拳头顶压剑状软骨左后方，患畜表现疼痛、躲避。站立时外展，下坡、转弯、走路、卧地时表现缓慢和谨慎，起立时多先起前肢（正常情况下先起后肢）。如刺伤心包，则脉搏、呼吸加快，体温升高。

（2）检查血液　患病牛白细胞总数每立方毫米可增高到10000～14000，其中中性粒细胞由正常的36％增至50％～70％，而淋巴细胞则可由正常的56％降至30％～45％。淋巴细胞与中性粒细胞的比例呈现倒置。

有条件的可用金属探测器检查，或用取铁器进行治疗性诊断。

五、防治

1. 治疗

本病治疗一般是用对症疗法和手术疗法，前者效果不明显，后者手术较麻烦。

取铁器的特点是磁性强度大、吸出率高，可将网胃中含铁异物取出。当网胃铁物取不尽或暂时取不出时，可向网胃投送磁笼。磁笼在网胃内持久地起作用，在胃蠕动配合下，可使含铁异物慢慢被吸入笼内而起治疗作用。同时磁笼又能随时将吃进去的含铁异物吸附。因此，投放磁笼可用于大群的预防。

（1）取铁器的使用方法　取铁器是由钢丝导绳、塑料管和磁头组成。磁头借助于导绳和塑料管，在牛空腹和增加饮水的情况下投入网胃。

（2）磁笼投送方法　磁笼是由磁棒和塑料间隔笼组成。在早上空腹时让牛多饮水，助手持鼻钳固定牛头，术者把食塑料管插到咽部，投入磁笼后抬高牛头，同时迅速拔出塑料管，留在咽部的磁笼即被牛吞下。

2. 预防

① 加强经常性饲养管理工作，注意饲料选择和调理、防止饲料中混杂金属异物。

② 村前屋后、金属加工厂、作坊、仓库、垃圾场等地，不可任意放牧。从工矿区附近收割的草料，应注意检查。特别是奶牛、肉牛饲养场，种牛繁殖场，加工饲料，应增设清除金属异物的电磁装置，除去饲料、饲草中的异物，以防本病的发生。

③ 建立定期检查制度。特别是对饲养场的牛群，可请兽医人员应用金属探测器进行定期检查，必要时再应用金属异物摘除器从瘤胃和网胃中摘除异物。

④ 目前已有许多奶牛场应用磁铁环，经口投入网胃，吸附金属异物，每隔6～7年更换一次，也有应用磁铁鼻环，以减少本病发生。

参考文献

[1] 毛永江主编.肉牛健康高效养殖.北京：金盾出版社，2009.

[2] 杨泽霖主编.肉牛育肥与疾病防治.北京：金盾出版社，2009.

[3] 王建华主编.牛内科学.北京：中国农业出版社，2003.

[4] 李毓义主编.兽医内科学.北京：中国农业出版社，1996.

[5] 李德发等主编.最新猪的营养与饲料.北京：中国农业大学出版社，2000.

[6] 白景煌等主编.兽医学.北京：北京农业大学出版社，1991.

[7] 甘肃农业大学主编.兽医微生物学.北京：中国农业出版社，1979.

[8] 解春亭.畜牧概论.北京：中国农业出版社，2002.

[9] 王银林.养牛学.北京：中国农业出版社，2000.

[10] 李建国，曹玉凤主编.肉牛标准化生产技术.北京：中国农业大学出版社，2003.

[11] 莫放主编.养牛生产学.北京：中国农业大学出版社，2003.